Skripte zur Mathematik

Komplexe Zahlen

von

Christian Wyss

Skripte zur Mathematik

Komplexe Zahlen

von

Christian Wyss

mathema

 tredition

© 2023 Dr. Christian Wyss

Verlagslabel: mathema (www.mathema.ch)

ISBN   Paperback: 978-3-384-13750-0
       Hardcover: 978-3-384-13751-7

Auflage 1.1

Druck und Distribution im Auftrag des Autors:
tredition GmbH, Heinz-Beusen-Stieg 5, 22926 Ahrensburg, Germany

Die Philosophie steht in diesem grossen Buch geschrieben, das unserem Blick ständig offen liegt – ich meine das Universum –; aber das Buch ist nicht zu verstehen, wenn man nicht zuvor die Sprache erlernt und sich mit den Buchstaben vertraut gemacht hat, in denen es geschrieben ist. Es ist in der Sprache der Mathematik geschrieben, und deren Buchstaben sind Kreise, Dreiecke und andere geometrische Figuren, ohne die es dem Menschen unmöglich ist, ein einziges Bild davon zu verstehen; ohne diese irrt man in einem dunklen Labyrinth herum.

Galileo Galilei: *„Il Saggiatore“* (1623)

Inhaltsverzeichnis

Einleitende Worte

Diese Skripte zur Mathematik sind im Rahmen des Gymnasialunterrichts entstanden. Sie können als eigenständiges Lern- und Übungsmaterial eingesetzt werden. Sie sind jedoch primär als *unterrichtsbegleitendes Material* konzipiert. Eine Einführung und Anleitung durch eine Lehrperson wird daher empfohlen.

Die Skripte enthalten *Lückentexte*. Sie dienen der Festigung des erworbenen Wissens und sollten im Plenum mit der gesamten Klasse ausgefüllt werden. Diese handschriftlichen Einträge helfen, die Schlüsselbegriffe und Aussagen zu verinnerlichen und Herleitungen und Beweise besser nachzuvollziehen.

Zu den Übungen

Um den Stoff zu vertiefen und zu festigen, halte ich es für unerlässlich, dass die Schülerinnen und Schüler eine Vielzahl von Übungen lösen. Die Skripte enthalten daher viele Übungen, die nicht nur das Erlernte festigen, sondern auch inner- und aussermathematische Anwendungen aufzeigen. Einige Übungen sind bewusst anspruchsvoller gestaltet und gehen über den üblichen Lehrstoff hinaus, können jedoch bei Bedarf übersprungen werden. Ein Stern ★ markiert, dass es sich bei der Aufgabe um eine zusätzliche Übung handelt, die über den obligatorischen Lernstoff hinausgeht. Im Folgenden werden die unterschiedlichen Übungstypen kurz erläutert.

Einstiegsbeispiel

Ein Einführungsbeispiel stellt eine Aufgabe dar, die eine neu einzuführende Thematik exemplarisch vorstellt. Diese Aufgabe soll die grundlegenden Begriffe der neuen Thematik vorwegnehmen und damit einführen. Dabei darf die Aufgabe einen gewissen Anspruch haben. Ein gemeinsames Lösen dieser Aufgaben im Plenum oder eine detaillierte Besprechung empfiehlt sich, um das Verständnis zu fördern.

Grundaufgaben

Eine Grundaufgabe ist eine Übungsaufgabe, die von den Schülerinnen und Schülern routiniert und sicher gelöst werden sollte. Durch die Bearbeitung mehrerer dieser Aufgaben sollen die Lernenden die Struktur verstehen und sich mit dem Lösungsweg vertraut machen, um ihn anschliessend situationsbezogen bei weiterführenden Aufgaben anwenden zu können.

Erarbeitungsaufgaben

Erarbeitungsaufgaben sind konzipiert, um den Lernstoff zu entwickeln und die Schülerinnen und Schüler konstruktivistisch an die neue Theorie heranzuführen.

Anwendungsaufgaben

Das erworbene theoretische Wissen hat in der Regel sowohl inner- als auch aussermathematische Anwendungen. Anwendungsaufgaben sollen die Fähigkeit zur Mathematisierung fördern und die Anwendbarkeit des Gelernten verdeutlichen.

Beweisaufgaben

In Beweisaufgaben lernen die Schülerinnen und Schüler, selbstständig einfache Beweise zu führen.

Zu den Titelbildern

Die Titelblätter bieten die Möglichkeit, verschiedene Aspekte der Mathematik mit den Schülerinnen und Schülern zu thematisieren. Dies umfasst insbesondere folgende Bereiche:

Mathematik und Ästhetik

Mathematik und Kunst stehen auf vielfältige Weise in Beziehung. Ihre Verbindung zeigt sich in Musik, Malerei, Architektur, Skulptur und Textilgestaltung etc. Die Titelblätter zielen darauf ab, die Schönheit der Mathematik anhand der bildenden Kunst aufzuzeigen.

Rechenhilfsmittel

„Es ist unwürdig, die Zeit von hervorragenden Leuten mit knechtischen Rechenarbeiten zu verschwenden, weil bei Einsatz einer Maschine auch der Einfältigste die Ergebnisse sicher hinschreiben kann." G. W. Leibniz (1673).
Der Mensch hat bereits in der Frühzeit Rechenhilfsmittel entwickelt, angefangen vom Kerbholz über mechanische Rechenmaschinen bis hin zu analogen und digitalen Computern. Die Titelblätter illustrieren diese Entwicklung.

Geschichte der Mathematik

Die Geschichte der Mathematik reicht zurück bis ins Altertum und den Anfängen des Zählens in der Jungsteinzeit. Mathematik wurde und wird in allen Kulturkreisen praktiziert. Die Titelblätter thematisieren bedeutende Werke der Mathematik sowie herausragende Mathematikerinnen und Mathematiker, die die Entwicklung dieser Disziplin massgeblich beeinflusst haben.

Zu den Inhalten

Die Aufteilung des Stoffes in mehrere Skripte dient der Flexibilität bei der Gestaltung des Unterrichts. Da Mathematik eine stark hierarchische Struktur aufweist, kann der Stoff nicht in beliebiger Reihenfolge bearbeitet werden. Die Skripte sind in einer möglichen Bearbeitungsreihenfolge angeordnet. Im Folgenden wird kurz angegeben, welches Vorwissen für jede Einheit notwendig ist.

Grundoperationen

Behandelter Stoff

Im ersten Skript zu den komplexen Zahlen werden sowohl imaginäre als auch komplexe Zahlen eingeführt und in der Normal- und Polarform dargestellt. Es wird ausführlich auf die Rechenregeln für komplexe Zahlen eingegangen, einschliesslich Termumformungen für Addition, Subtraktion, Multiplikation, Division und Potenzen (unter Anwendung des Satzes von de Moivre). Des Weiteren werden Gleichungen und Gleichungssystemen unter Verwendung in der Menge der komplexen Zahlen gelöst. Die Zahlen werden in der Gauss'schen Zahlenebene dargestellt. Schliesslich werden der Fundamentalsatz der Algebra und die Cardanische Formel eingehend erörtert.

Notwendiges Vorwissen

Solide Kenntnisse in Arithmetik und Algebra, einschließlich der Fähigkeit zur Lösung von Gleichungen und zur Umformung von Termen, sind erforderlich. Darüber hinaus ist eine Beherrschung trigonometrischer Funktionen notwendig.

Die Eulersche Formel

Behandelter Stoff

In diesem Skript wird die Eulersche Formel auf verschiedene Arten hergeleitet. Anschließend wird sie zur Vereinfachung von Ausdrücken sowie zum Führen von Beweisen, insbesondere im Kontext von Additionstheoremen und Regelungen, angewandt.

Notwendiges Vorwissen

Die Schülerinnen und Schüler sollten bereits mit dem Umgang von komplexen Zahlen vertraut sein, einschließlich der Rechenregeln und der Darstellung in Polar- und Normalform. Darüber hinaus müssen sie Funktionen ableiten können und mit Taylor-Reihen vertraut sein. Für bestimmte Aufgaben wird vorausgesetzt, dass den Schülerinnen und Schülern die Additionstheoreme bekannt sind.

Chaos und Fraktale

Behandelter Stoff

Im ersten Teil wird die fraktale Geometrie eingeführt, einschliesslich ihrer Eigenschaften sowie der Begriffe der Selbstähnlichkeit und der Selbstähnlichkeitsdimension. Im zweiten Teil werden anhand von reellen quadratischen Iterationen die Konzepte des Fixpunktes, des Vorfixpunktes, der Scheidepunkte und der Attraktoren erläutert. Dieses Verständnis wird anschliessend auf komplexe quadratische Iterationen angewendet. Zusätzlich wird das diskrete logistische Wachstum detailliert diskutiert.

Notwendiges Vorwissen

Der sichere Umgang mit komplexen Zahlen, sowohl in Normal- als auch in Exponentialform, wird vorausgesetzt. Ein gewisses Verständnis der Eigenschaften von Folgen ist von Vorteil. Darüber hinaus sollte die Definition des Logarithmus bekannt sein.

Komplexe Abbildungen

Behandelter Stoff

Affine Abbildungen und die Möbius-Transformationen werden im Detail diskutiert. Dabei werden geometrische Objekte wie Punkte, Geraden und Kreise in der Gaussschen Zahlenebene dargestellt und ihre Bilder berechnet.

Notwendiges Vorwissen

Der sichere Umgang mit komplexen Zahlen, sowohl in Normal- als auch in Exponentialform, wird vorausgesetzt.

Komplexe Zahlen
Grundoperationen

Mathematik in der Kunst: Albrecht Dürers Kupferstich *Melencolia I* aus dem Jahr 1514 enthält verschiedene mathematische Elemente, darunter einen Zirkel für die geometrischen Aspekte, ein magisches Quadrat und ein abgestumpftes Rhomboeder. Die Idee des Messens wird durch die Verwendung einer Waage und einer Sanduhr symbolisiert.

1. Zahlenmengen

Die natürlichen Zahlen

Die natürlichen Zahlen sind die beim Zählen verwendeten Zahlen: ein Apfel, zwei Äpfel, drei Äpfel, …

Wir schreiben für die natürlichen Zahlen:

$$\mathbb{N} = \{1, 2, 3, 4, \dots\}$$

Wir erweitern die Menge der natürlichen Zahlen häufig mit der Zahl Null und schreiben dann:

$$\mathbb{N}_0 = \{0, 1, 2, 3, \dots\}$$

Peano[1] definierte 1889 die natürlichen Zahlen durch die folgenden Axiome[2]:

- 1 ist eine natürliche Zahl.
- Jede natürliche Zahl n hat eine natürliche Zahl n' als Nachfolger.
- 1 ist kein Nachfolger einer natürlichen Zahl.
- Natürliche Zahlen mit gleichem Nachfolger sind gleich.
- Induktionsaxiom: Enthält die Menge X die Zahl 1 und mit jeder natürlichen Zahl n auch deren Nachfolger n', so sind alle natürlichen Zahlen in X enthalten ($\mathbb{N} \subset X$).

Ganzen Zahlen

Für lange Zeit wurden Probleme, die eine negative Zahl ergeben hätten, als unlösbar betrachtet. Negative Zahlen können in der Natur nicht gefunden werden – es gibt keine ‚minus fünf Äpfel'. Der griechische Mathematiker Diophant sagt in seinem Werk, dass die Gleichung $4x + 20 = 0$ absurd sei. Obwohl in Arabien, China und Indien schon lange bekannt, brauchte es sehr lange, bis die Vorstellung von negativen Zahlen auf Europa drang. Fibonacci erlaubte in seiner Finanzmathematik negative Zahlen und interpretierte sie als Schulden.

Wir möchten die Diophantische Gleichung $4x + 20 = 0$ lösen. Wir finden $x = -5$

Dazu müssen wir die natürlichen Zahlen um die negativen Zahlen erweitern. Wir schreiben:

$$\mathbb{Z} = \{\dots -4, -3, -2, -1, 0, 1, 2, 3 \dots\}$$

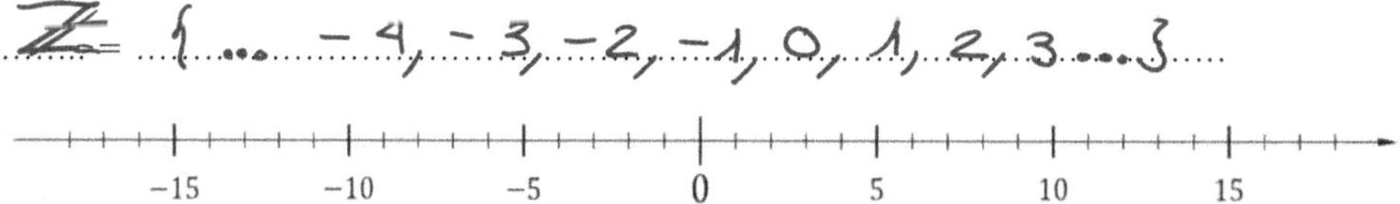

---

[1] Giuseppe Peano (* 1858 im Piemont; † 1932 in Turin) war ein italienischer Mathematiker. Er befasste sich mit mathematischer Logik, mit der Axiomatik der natürlichen Zahlen und mit Differentialgleichungen erster Ordnung.

[2] Ein Axiom ist ein (Grund-)satz in einer Theorie, der innerhalb dieser Theorie nicht begründet oder abgeleitet wird.

Die rationalen Zahlen

Auch in den ganzen Zahlen ist es nicht möglich, die Gleichung 2x – 9 = 0 zu lösen. Damit dies möglich wird, führen wir eine neue Menge ein, die Menge aller Brüche – die rationalen Zahlen. Wir schreiben für die Lösung der obigen Gleichung x = $\frac{9}{2}$.

$$\mathbb{Q} = \left\{ \ldots, \frac{2}{3}, \frac{4}{5}, -\frac{1}{7}, 0, 5, -3 \ldots \right\}$$

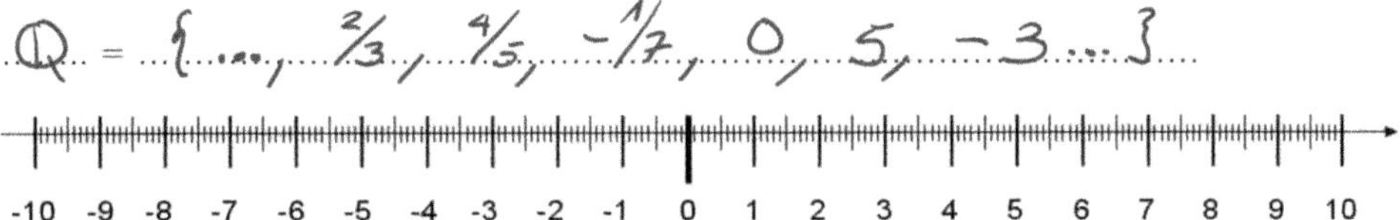

Die Brüche liegen sehr dicht beieinander. Zwischen zwei Brüchen a und b lässt sich immer ein weiterer Bruch einfügen, denn $\frac{a+b}{2}$ ist sicher zwischen a und b und ist ebenfalls ein Bruch.

Die reellen Zahlen

Aufgabe 1: Bei einem rechtwinkligen Dreieck haben beide Katheten eine Länge von 1 m. Wie lang ist die Hypotenuse? Ist diese Zahl eine rationale Zahl?

Satz: $\sqrt{2}$ ist kein Bruch aus ganzen Zahlen, d.h. $\sqrt{2}$ ist irrational $\left(\sqrt{2} \notin \mathbb{Q} \right)$

Beweis durch Gegenannahme: $\sqrt{2} \notin \mathbb{Q}$

$\sqrt{2}$ lässt sich also als Bruch darstellen

$\sqrt{2} = \frac{p}{q}$, wobei der Bruch vollständig gekürzt ist.

$\sqrt{2} \cdot q = p \quad |^2$

$2q^2 = p^2 \qquad$ $2q^2$ ist gerade $\Rightarrow p^2$ gerade
$\underbrace{2q^2}_{\text{gerade}} = \underbrace{p^2}_{\text{gerade}} \qquad \Rightarrow p$ gerade und wir
$\qquad\qquad\qquad\qquad$ schreiben $p = 2 \cdot r$

$2q^2 = (2r)^2 = 4r^2 \quad |:2$

$q^2 = 2r^2 \qquad$ $2r^2$ ist gerade $\Rightarrow q^2$ gerade
$\underbrace{q^2}_{\text{gerade}} = \underbrace{2r^2}_{\text{gerade}} \qquad \Rightarrow q$ gerade

$\Rightarrow p$ und q sind gerade
$\Rightarrow \frac{p}{q}$ kann mit 2 gekürzt werden.
$\Rightarrow$ Widerspruch zur Gegenannahme
$\Rightarrow$ Die Gegenannahme ist falsch
$\Rightarrow$ Die Annahme ist richtig. $\qquad \square$

Aufgabe 2: Beweise: $\sqrt{5}$ ist keine rationale Zahl.

Für Pythagoras war die Welt Zahl – „Die Zahl ist das Wesen aller Dinge". Mit Zahl meinte er die natürlichen Zahlen. Eine negative Zahl war absurd. Brüche wurden als Verhältnis von Zahlen verstanden und nicht als eigenständige Zahl. Diese Verhältnisse in der Natur, Musik und den Planetenbahnen faszinierten ihn und auch andere Griechen sehr.

Der Überlieferung nach entdeckte ein Schüler von Pythagoras namens Hippasos von Metapont an einer geometrischen Figur irrationale Verhältnisse von Strecken. Wir haben soeben gezeigt, dass dies zum Beispiel für ein gleichschenkliges, rechtwinkliges Dreieck der Fall ist $\left(\sqrt{2}:1\right)$. Hippasos habe seine Entdeckung veröffentlicht und sei daraufhin aus der Gemeinschaft der Pythagoreer ausgeschlossen worden. Später sei er im Meer ertrunken, was als göttliche Strafe für seinen Frevel gedeutet wurde.[3]

Wir ergänzen unsere rationalen Zahlen, indem wir auch noch die Dezimalbrüche, die nicht periodisch sind und nie abbrechen, dazu nehmen. Diese neue Menge ist diejenige der reellen Zahlen:

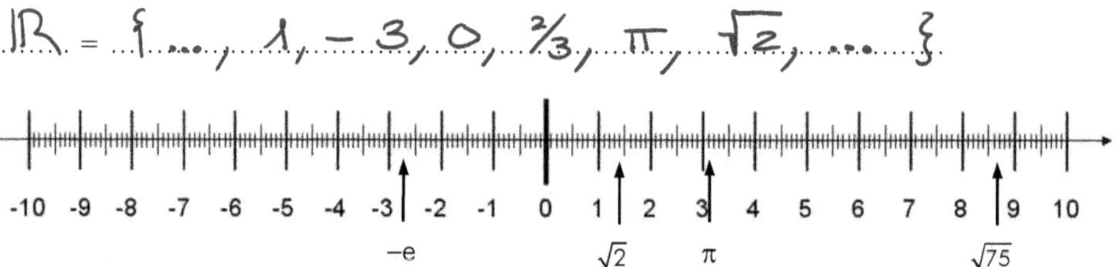

$$\mathbb{R} = \left\{ \ldots, 1, -3, 0, \tfrac{2}{3}, \pi, \sqrt{2}, \ldots \right\}$$

Die komplexen Zahlen

Aufgabe 3: Im Gegensatz zu Pythagoras kannst Du jetzt alle diese Gleichungen lösen. Oder?

$x^2 - 1 = 0 \Rightarrow x = \pm 1$ $\qquad$ $x^2 - 25 = 0 \Rightarrow x = \pm 5$

$x^2 - 8 = 0 \Rightarrow x = \pm\sqrt{8}$ $\qquad$ $x^2 + 1 = 0 \Rightarrow x = \pm i$

In den reellen Zahlen lässt sich die letzte Gleichung nicht lösen. In den komplexen Zahlen $\mathbb{C}$ haben jedoch alle diese Gleichungen Lösungen.

Aufgabe 4: Dieses Mengendiagramm stellt die Zahlenmengen $\mathbb{N}$, $\mathbb{Z}$, $\mathbb{Q}$, $\mathbb{R}$ und $\mathbb{C}$ dar. Leider ging die Beschriftung verloren. Schreibe die Mengen an und notiere im Diagramm jeweils ein paar Beispiele.

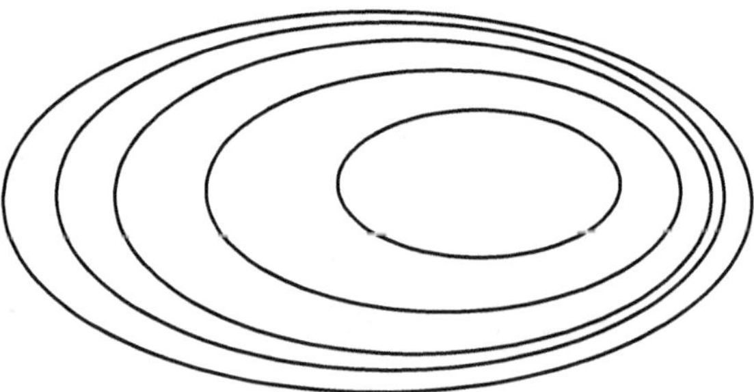

---

[3] Von dieser Deutung ist die Forschung jedoch abgekommen. Es gibt keinen überzeugenden Beleg für die Behauptung, Pythagoras habe sich dogmatisch auf ein Weltbild festgelegt, das jede Inkommensurabilität (von lateinisch incommensurabilis ‚unmessbar'; gemeint ist Irrationalität von Zahlen) ausschloss. Es gibt auch kein Anzeichen dafür, dass die Entdeckung der Inkommensurabilität als Skandal empfunden wurde.

2. Imaginäre Zahlen

Einführung

Gegen Ende des 18. Jahrhunderts argumentierte Leonard Euler: „Weil alle Zahlen, die man sich vorstellen kann, entweder grösser oder kleiner als Null oder Null selbst sind, so ist klar, dass Elemente, deren Quadrate Negativzahlen sind, nicht einmal zu den möglichen Zahlen gerechnet werden können. Folglich müssen wir sagen, dass dies unmögliche Zahlen sind. Solche Zahlen werden als eingebildete oder imaginäre Zahlen bezeichnet, weil sie bloss in der Einbildung vorhanden sind."

Die imaginäre Einheit i

Die Gleichung $x^2 = -4$ ist in der Menge der reellen Zahlen nicht lösbar, weil keine reelle Zahl im Quadrat negativ sein kann. Um trotzdem Lösungen zu erhalten, führt man die Menge der komplexen Zahlen ein. Sie ist eine Erweiterung der Menge der reellen Zahlen und wird mit $\mathbb{C}$ bezeichnet. Mit den komplexen Zahlen kann man ebenso rechnen wie mit den reellen Zahlen. Ungleichungen zwischen komplexen Zahlen sind jedoch nicht definiert.

Unter der *imaginären Einheit i* versteht man eine Zahl, deren Quadrat -1 ist.

$$i^2 = -1$$

Die Schreibweise $i = \sqrt{-1}$ benützen wir nicht, da sie auf folgendes Problem führt:

$$-1 = i^2 = \sqrt{-1}^2 = \sqrt{(-1)^2} = \sqrt{1} = 1$$

Mit i wird nach den Rechengesetzen der reellen Zahlen gerechnet. i^2 wird immer durch -1 ersetzt, wo immer es auftritt. Ebenso ist $(-i)^2 = -1$.

$b \cdot i$ heisst *imaginäre Zahl*, wobei i die imaginäre Einheit ist und b eine reelle Zahl.

Aufgabe 5: Suche die kleinste der Grundmengen $\mathbb{N}$, $\mathbb{Z}$, $\mathbb{Q}$, $\mathbb{R}$ bzw. $\mathbb{C}$ in der die Gleichung erfüllbar ist und gib für diesen Fall die Lösungsmenge an:

    a) $x^2 + 3 = 0$

    b) $(x - 2)(x^2 + 3)(2x - 7) = 0$

    c) $(x^2 - \pi)(x + 2i) = 0$

Aufgabe 6: Jemand schreibt $i = \sqrt{-1}$ und formt um: $-1 = \sqrt{-1} \cdot \sqrt{-1} = \sqrt{(-1)(-1)} = \sqrt{1} = 1$. Wo steckt der Fehler?

Aufgabe 7: Es sei j eine Zahl, für die $0 \cdot j \equiv 1$ gilt. Schreibe den Term $(0 + 0) \cdot j$ auf zwei verschiedene Arten und zeige so, dass ein Widerspruch entsteht.

Potenzen

Die **Potenz** ist wie anhin definiert: $a^n = \underbrace{a \cdot a \cdot a \cdot \ldots \cdot a}_{n-mal}$

Aufgabe 8: Berechne i^2 , i^3 , i^4 , $i^6 + i^8$, $(-i)^2$, $-i^3$, $(-i)^3$

Aufgabe 9: Betrachte die Potenzen von 1 bis 10 der imaginären Einheit i, d.h. i, i^2, i^3, ...
Was stellst Du fest? Gilt dasselbe auch für die negativen Potenzen?

Aufgabe 10: Berechne:

    a) $-i^2$ b) $(-i)^2$

    c) $-i^3$ d) $(-i)^3$

    e) $i^8 - i^{10}$

Aufgabe 11: Berechne:

    a) $i^{11} + i^{12} + i^{13} + i^{14}$ b) $i^{21} \cdot i^{22} \cdot i^{23} \cdot i^{24}$

Aufgabe 12: Berechne diese Ausdrücke, die Summen[4]- und Produktzeichen[5] enthalten:

    a) $\displaystyle\sum_{n=1}^{95} i^n$ b) $\displaystyle\prod_{n=1}^{10} i^n$

Aufgabe 13: Hier das Magische Quadrat aus
Dürers *Melancholia I* (vgl. Titelblatt)
abgebildet. Was ist an diesem Quadrat
magisch? Die magische Zahl bei einem
magischen Quadrat berechnet sich wie folgt:

$S_n = \dfrac{1}{n} \cdot \displaystyle\sum_{k=1}^{n^2} k$, wobei n die Anzahl Zeilen bzw.

Spalten im Quadrat sind. Berechne S_4.

Gesetze bei der Termumformung

Es gelten weiterhin die gleichen Gesetze für die Termumformung:

	Addition	Multiplikation
Kommutativgesetz	$a+b=b+a$	$a\cdot b=b\cdot a$
Assoziativgesetz	$(a+b)+c=a+b+c=a+(b+c)$	$(a\cdot b)\cdot c=a\cdot b\cdot c=a\cdot(b\cdot c)$
Neutralelement	0	1
Inverses Element	$-a$	$\frac{1}{a}$
Distributivgesetz	$a\cdot(b+c)=a\cdot b+a\cdot c$	

Aufgabe 14: Betrachte folgende Beispiele. Überlege, welche Operationen ausgeführt wurden, d.h. gib zu jedem Gleichheitszeichen an, nach welcher Regel dies erlaubt ist.

a) $2\cdot 4i=(2\cdot 4)i=8i$

b) $i-i=0$

c) $i^{-2}=\frac{1}{i^2}=\frac{1}{-1}=-1$

d) $\frac{i}{i}=1$

e) $i^3=i^2\cdot i=(-1)\cdot i=-i$

f) $i^4=i^2\cdot i^2=(-1)\cdot(-1)=1$

g) $i+i=1\cdot i+1\cdot i=i\cdot(1+1)=i\cdot 2=2\cdot i$

h) $(3i)^2=(3i)\cdot(3i)=(3\cdot 3)\cdot(i\cdot i)=9\cdot i^2=9\cdot(-1)=-9$

i) $i-\frac{7}{4}i=1\cdot i-\frac{7}{4}i=i\cdot(1-\frac{7}{4})=i\cdot(-\frac{3}{4})=-\frac{3}{4}i$

j) $m\cdot i-n\cdot i=i\cdot m-i\cdot n=i(m-n)$

k) $i^{-1}=\frac{1}{i}=\frac{i\cdot i\cdot i}{i\cdot i\cdot i\cdot i}=\frac{i^3}{i^4}=\frac{-i}{1}=-i$

Aufgabe 15: Ergänze folgende Feststellungen:

a) Das Produkt einer reellen Zahl mit einer imaginären Zahl ergibt eine

.... Zahl.

b) Das Produkt zweier imaginärer Zahlen ergibt eine .... Zahl.

c) Ist bei einem Bruch genau der Zahler oder genau der Nenner imaginär, so ist der

Wert des Bruches ....

d) Der Quotient zweier imaginärer Zahlen ergibt immer eine .... Zahl.

3. Komplexe Zahlen

Eine Verknüpfung der Form **x + y·i** nennt man **komplexe Zahl** (Normalform).

Wobei x der **Realteil** und y der **Imaginärteil** der komplexen Zahl $z = x + y·i$ ist.

Wir schreiben: $x = Re(x + y·i)$ und $y = Im(x + y·i)$

Wird der Realteil einer komplexen Zahl gleich Null ($x = 0$), so entsteht eine imaginäre Zahl. Wird der Imaginärteil bei der komplexen Zahl gleich Null ($y = 0$), so entsteht eine reelle Zahl. Man kann sagen, dass die reellen und die imaginären Zahlen Sonderfälle der komplexen Zahlen sind.

Beispiele

- $z = 2 + 3i$ (komplexe Zahl)

- $z = 2$ (reelle Zahl)

- $z = 3·i$ (imaginäre Zahl)

Zwei komplexe Zahlen, die sich nur durch das Vorzeichen ihres imaginären Teiles unterscheiden, heissen konjugiert komplexe Zahlen.

Das Zahlenpaar $\left.\begin{array}{l} z = x + y·i \\ \overline{z} = x - y·i \end{array}\right\}$ heisst **konjugiert komplex**.

Beispiel: $2 + i$ und $2 - i$ sind zueinander konjugiert komplexe Zahlen.

Mit komplexen Zahlen wird wie mit reellen Zahlen **gerechnet**. Zusätzlich gilt $i^2 = -1$. Das Ergebnis wird so weit wie möglich vereinfacht und wieder als komplexe Zahl in Normalform geschrieben.

Beispiele

1. Den Realteil und den Imaginärteil einer komplexen Zahl kann man nicht weiter zusammenfassen.

$$3 + 4i = \underline{\underline{3 + 4i}}$$

2. Man addiert/subtrahiert zwei komplexe Zahlen, indem man ihre Realteile und Imaginärteile getrennt addiert/subtrahiert.

$$(4 + i) + (3 - 2i) = 4 + i + 3 - 2$$
$$= \underline{\underline{7 - i}}$$

3. Komplexe Zahlen werden wie reelle Zahlen multipliziert. Merke: Ersetze i^2 immer durch -1.

$$(3 + 4i) \cdot (2 + 3i) = 6 + 9i + 8i +$$
$$= 6 + 17i - 12 = \underline{\underline{-6 +}}$$

4. Komplexe Zahlen werden wie reelle Zahlen dividiert. Ist der Nenner eine komplexe Zahl, so erweitert man diese Zahl mit der konjugiert komplexen Zahl, um eine reelle Zahl im Nenner zu erhalten.

$$\frac{50 + 75i}{3 + 4i} = \frac{(50 + 75i)(3 - 4i)}{(3 + 4i)(3 - 4i)} =$$
$$\frac{150 - 200i + 175i - 300i^2}{} = \frac{45}{}$$
$$= \underline{\underline{18 - i9 + 16}}$$

Komplexe Zahlen

Aufgabe 16: Gib an, welche der aufgezählten Zahlen rational, reell, imaginär oder komplex sind:

a) 2 b) $\sqrt{3}$ c) $3+\frac{1}{2}i$

d) $-\sqrt{3}\,i$ e) π f) $-2-4i$

Aufgabe 17: Sind diese Aussagen wahr oder falsch?

a) 2 ist eine reelle Zahl b) 2 ist eine komplexe Zahl

c) $\sqrt{3}$ ist eine rationale Zahl d) $3 + 0.5i$ ist eine reelle Zahl

e) $-\sqrt{3}\,i$ ist eine imaginäre Zahl f) π ist eine komplexe Zahl

Aufgabe 18: Berechne für $z_1 = 5 + 2i$, $z_2 = -3 + 5i$:

a) $\mathrm{Re}\left(\dfrac{z_1}{z_2}\right)$ b) $\dfrac{\mathrm{Re}(z_1)}{\mathrm{Re}(z_2)}$ c) $\mathrm{Im}\left(\dfrac{z_2}{z_1 - z_2}\right)$ d) $\dfrac{\mathrm{Im}(z_2)}{\mathrm{Im}(z_1) + \mathrm{Re}(z_1)}$

Rechnen mit komplexen Zahlen

Aufgabe 19: Berechne diese Zahlen:

a) $(8 + 2i) + (7 + 3i)$ b) $(1 + 10i) - (5 - 13i)$ c) $(-3 + i) - (-2 - i)$
d) $8 \cdot 5i$ e) $8i \cdot 5i$ f) $(-7 - 12i)5i$
g) $(8 + 2i)(7 + 3i)$ h) $(7 + i)^2$

Aufgabe 20: Berechne für $z_1 = \sqrt{5} + 2i$ und $z_2 = \sqrt{5} - 2i$.

a) $z_1 + z_2$ b) $z_1 - z_2$ c) $z_1 \cdot z_2$

Aufgabe 21: Vereinfache folgende Ausdrücke und stelle das Resultat in der Form $x + y \cdot i$ dar.

a) $i^{10} - i^{15} + i^{20} - i^{25}$ b) $\left(2\sqrt{5}\cdot i\right)^5$ c) $(-2 + 0.5i)^2$

d) $(1 + 2i)(2 + 3i)(3 + 4i)$ e) $\dfrac{5}{i}$ f) $\dfrac{30 - 7i}{3 - 8i}$

g) $\dfrac{1}{2 - 3i}$ h) $\dfrac{17}{4 + i}$

Aufgabe 22: Berechne mit $z_1 = 7 - 5i$, $z_2 = 2 + i$, $z_3 = -5 + 2i$, $z_4 = -10 - 3i$, $z_5 = 8$ und $z_6 = 8i$:

a) $z_5 - (z_6 - z_1)$ b) $z_1^2 + z_2^2$ c) $\mathrm{Re}(z_1 + 4z_2)$
d) $z_2(z_4 - z_6)$ e) $\mathrm{Im}(2z_2 + 3z_3)$ f) $z_1 z_3 z_4$

Aufgabe 23: Quotienten:

a) $\dfrac{15i}{3}$ b) $\dfrac{-5 - 10 \cdot i}{-5}$ c) $\dfrac{-40i}{25}$ d) $\dfrac{-12 - 15i}{-6i}$

e) $\dfrac{1+i}{3}$ f) $\dfrac{2}{3 \cdot i}$ g) $\dfrac{12 - 15i}{-6i}$ h) $\dfrac{-100 \cdot i}{20}$

Aufgabe 24: Vereinfache:

a) $\dfrac{5+3i}{2+4i}$
b) $\dfrac{63+16i}{4+3i}$
c) $\dfrac{56+33i}{12-5i}$
d) $\dfrac{13-5i}{1-i}$

Aufgabe 25: Vereinfache:

a) $\dfrac{\frac{2}{3}+\frac{5}{6}i}{\frac{1}{2}+\frac{7}{3}i}$
b) $\dfrac{\frac{7}{6}+\frac{5}{3}i}{\frac{4}{9}-\frac{2}{3}i}$
c) $\dfrac{7}{\sqrt{2}-\sqrt{5}i}$
d) $\dfrac{\sqrt{3}+\sqrt{2}i}{\sqrt{3}-\sqrt{2}i}$

Konjugiert komplexe Zahl

Aufgabe 26: Finde alle Paare von konjugierten Zahlen in dieser Liste:

$z_1 = 4 + 2i$ $\qquad z_2 = 2 + 4i \qquad z_3 = -2 + 4i \qquad z_4 = -4 + 2i$

$z_5 = -4 - 2i \qquad z_6 = -2 - 4i \qquad z_7 = 2 - 4i \qquad z_8 = 4 - 2i$

Aufgabe 27: Führe folgende Operationen aus, wobei i) $z = 2 - 3i$ und ii) $z = x + y\cdot i$ gilt:

a) Addition: $z + \bar{z} =$
b) Subtraktion: $z - \bar{z} =$

c) Multiplikation: $z \cdot \bar{z} =$
d) Division: $\dfrac{z}{\bar{z}} =$

Aufgabe 28: Berechne $z^{-1} = \dfrac{1}{z}$ mit a) $z = 4 - 3i$ und mit b) $z = x + y\cdot i$.

Der **Betrag** einer komplexen Zahl $z = x + y\cdot i$ ist

$$|z| = \sqrt{z \cdot \bar{z}} = \sqrt{x^2 + y^2}$$

Für das **inverse Element** $z^{-1} = \dfrac{1}{z}$ zu $z = x + y\cdot i$ gilt:

$$z^{-1} = \frac{1}{z} = \frac{\bar{z}}{z \cdot \bar{z}} = \frac{\bar{z}}{|z|^2}$$

Aufgabe 29: Zur Zahl z sollen $-z$, $\bar{z}$ und z^{-1} berechnet werden:

a) $z = 12 - 5i$
b) $z = \frac{5}{3}i$
c) $z = 3 + i$

Aufgabe 30: Berechne $z^{-1} = \dfrac{1}{z}$:

a) $z = 2 + i$
b) $z = 4 + 3i$
c) $z = -24 - 7i$
d) $z = -1 - 2i$

Aufgabe 31: Ist $z = x + i\cdot y$, so bezeichnet $\bar{z} = x - i\cdot y$. Weshalb wird das Zeichen $\underline{z} = -x + i\cdot y$, mit dem man das Vorzeichen des Realteils ändert, nicht eingeführt?

Aufgabe 32: Für welche Zahlen $z \in \mathbb{C}$ gilt:

a) $\overline{z} = z$ b) $-z = z$ c) $z^{-1} = z$

d) $-\overline{z} = \overline{-z}$ e) $\mathrm{Re}(z) = \mathrm{Re}(\overline{z})$ f) $\mathrm{Im}(z) = \mathrm{Im}(\overline{z})$

g) $\mathrm{Im}(z) + \mathrm{Im}(-z) = 0$

Gleichungen und Gleichungssysteme

Aufgabe 33: Löse diese Gleichungen in der Grundmenge $\mathbb{C}$:

a) $z^2 = 4$ b) $z^2 = -4$ c) $z^2 - 4z + 13 = 0$

d) $2z^2 + 32 = 0$ e) $z^2 + 4z + 5 = 0$ f) $z^2 + 4z - 5 = 0$

g) $81z^2 + 25 = 0$

Aufgabe 34: Löse folgende Gleichung: $z + 2i \cdot z = 8 + 7i$

Aufgabe 35: Löse in den Grundmengen $\mathbb{N}$, $\mathbb{Z}$, $\mathbb{Q}$, $\mathbb{R}$ und $\mathbb{C}$:

a) $(z^2 - 5)(z^2 + 5) = 0$

b) $(2z^2 + 32)(2z^2 - 32) = 0$

c) $(z - 2)(z + 3)(3z - 2)(z^2 - 2)(z^2 + 1) = 0$

Aufgabe 36: Löse diese Gleichungssysteme:

a) $\begin{vmatrix} 3z_1 + 2z_2 = 7 + i \\ 5z_1 - 3z_2 = -1 + 8i \end{vmatrix}$ b) $\begin{vmatrix} i \cdot z_1 + z_2 + (2 + i)z_3 = -7 \\ z_1 + 2z_2 = 6 - 5i \\ 5z_2 - z_3 = 13 - 17i \end{vmatrix}$

Potenzen und Wurzeln

Aufgabe 37: Potenzen

a) $(2 - i)^4$ b) $\mathrm{Re}\left((-1 + i)^5\right)$ c) $\mathrm{Im}\left(\left(2 - \frac{1}{2}i\right)^3\right)$

Aufgabe 38: Für welche Zahlen $n \in \mathbb{Z}$ gilt: $i^n = -1$

Aufgabe 39: Löse folgende Gleichung: $z^2 = 5 + 12i$

Aufgabe 40: Berechne $\sqrt{4i}$, d.h. stelle die Zahl in der Form $x + i \cdot y$ dar.

4. Graphische Darstellung der komplexen Zahlen

Da jede komplexe Zahl $z = x + y \cdot i$ als ein geordnetes Paar $(x|y)$ aufgefasst werden kann, können wir solche Zahlen in einer xy-Ebene darstellen. Man nennt eine solche Ebene **Gausssche[6] Zahlenebene** oder auch Ebene der komplexen Zahlen. Für die Koordinaten des Punktes gilt $x = \text{Re}(z)$ und $y = \text{Im}(z)$. Auf diese Weise entspricht jeder komplexen Zahl ein Punkt der Zahlenebene und umgekehrt jedem Punkt genau eine Zahl. Die reellen Zahlen sind dann Punkte der x-Achse, die auch Achse der reellen Zahlen heisst, die imaginären Zahlen Punkte der y-Achse (Achse der imaginären Zahlen).

Die Zahlenebene ist eine Erweiterung des Begriffes der Zahlengeraden, die zur Veranschaulichung der reellen Zahlen diente.

Aufgrund der Lage der komplexen Zahlen in der Ebene ist es nicht möglich, die Zeichen < oder > zu gebrauchen. Man kann auch nicht von positiven oder negativen komplexen Zahlen sprechen.

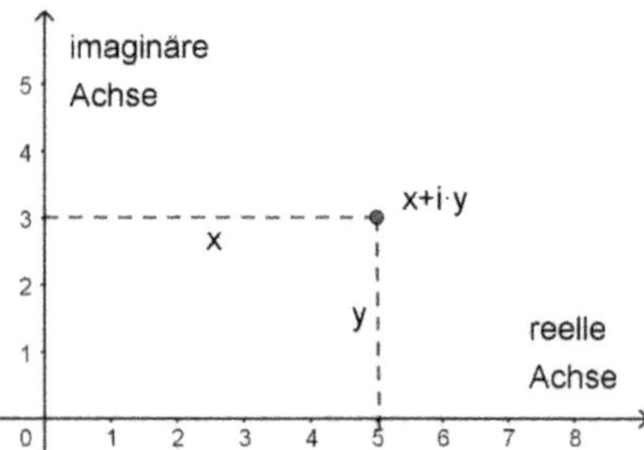

Oft ist es günstiger, komplexe Zahlen als Vektoren der Gaussschen Zahlenebene aufzufassen. Jeder komplexen Zahl entspricht dann genau der Vektor, der im Nullpunkt beginnt und zum Punkt z führt.

Summe

$z_1 + z_2$

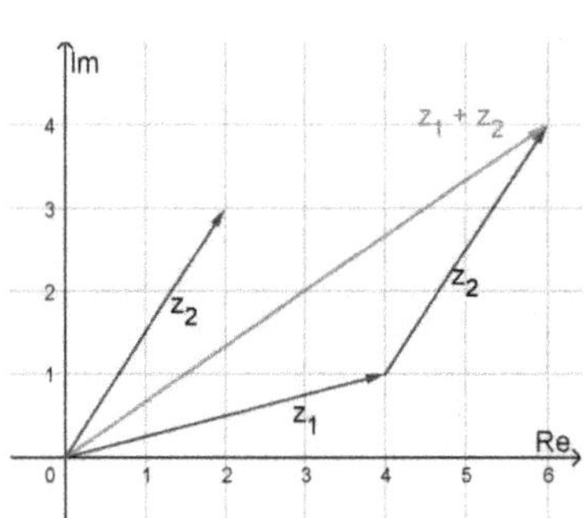

Differenz

$z_1 - z_2 = z_1 + (-z_2)$

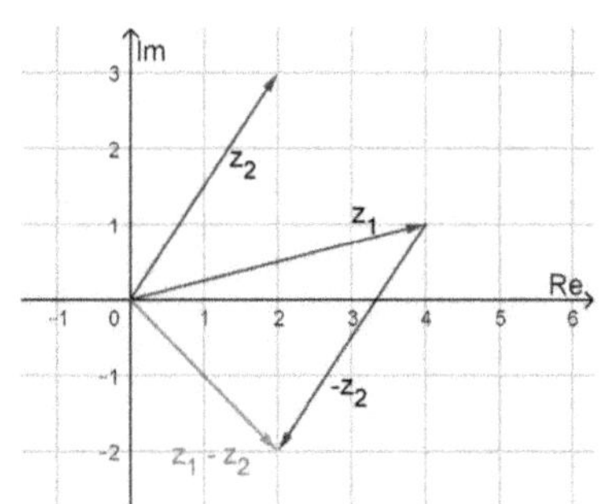

Den Abstand des Punktes z vom Nullpunkt können wir dann mithilfe des Betrages berechnen.

Betrag einer komplexen Zahl $z = x + y \cdot i$ ist

$$|z| = \sqrt{x^2 + y^2}$$

---

[6] Carl Friedrich Gauss (1777 – 1855), zu seiner Zeit „Princeps mathematicorum" (Fürst der Mathematiker) genannt, Mathematiker, Astronom und Physiker in Göttingen.

Übungen

Aufgabe 41: Berechne den Betrag der beiden komplexen Zahlen $z_1 = -5 + 12i$ und
$z_2 = -5 - 12i$. Welche Schlussfolgerungen kannst Du daraus ziehen?

Aufgabe 42: Zeichne die zu den Zahlen gehörenden Punkte und verbinde aufeinander folgende
Punkte geradlinig.
$z_1 = 1 + 2i, z_2 = -2 + i, z_3 = -2 - 2i, z_4 = 2 - i,$

Aufgabe 43: Zeichne ein beliebiges Polygon in die Gausssche Zahlenebene und bestimme
danach die Eckpunkte.

Aufgabe 44: Stelle die in beschreibender Form gegebene Zahlenmenge graphisch dar:
   a) $\{z \in \mathbb{C} \mid \operatorname{Re}(z) = 1\}$
   b) $\{z \in \mathbb{C} \mid (1 \le \operatorname{Re}(z) \le 5) \cap (1 \le \operatorname{Im}(z) \le 3)\}$
   c) $\{z \in \mathbb{C} \mid \operatorname{Re}(z) \le 0\}$
   d) $\{z \in \mathbb{C} \mid -2 \le \operatorname{Im}(z) \le 0\}$
   e) $\{z \in \mathbb{C} \mid \operatorname{Re}(z) \cdot \operatorname{Im}(z) \le 0\}$
   f) $\{z \in \mathbb{C} \mid |\operatorname{Im}(z)| \le 2\}$
   g) $\{z \in \mathbb{C} \mid \operatorname{Re}(z) + \operatorname{Im}(z) = 1\}$
   h) $\{z \in \mathbb{C} \mid \operatorname{Re}(z) \ge \operatorname{Im}(z)\}$

Aufgabe 45: Gib von den zugehörigen Zahlenmengen eine beschreibende Form an:
   a)   Die Parallele zur reellen Achse, die durch den Punkt $P(5 + 6i)$ geht.
   b)   Die Parallele zur imaginären Achse, die durch den Punkt $Q(-3 + 5i)$ geht.
   c)   Die reelle Achse bzw. die imaginäre Achse.
   d)   Die Strecke mit den Endpunkten $A(2i)$ und $B(4i)$.
   e)   Das Innere (ohne Rand) des Rechteckes $P(-8 - i)\ Q(-3 - i)\ R(-3 + 3i)\ S(-8 + 3i)$.
   f)   Der 1. Quadrant (ohne Rand).

Aufgabe 46: Gegeben sind die Zahlen $z_1 = 2 + i, z_2 = -1 + 3i, z_3 = 2i, z_4 = 4, z_5 = 3 - 6i$ und
$z_6 = -4 - 2i$. Konstruiere in einem Koordinatensystem unter Benutzung von Vektoren die
folgenden Zahlen und kontrolliere nachträglich die Konstruktionsergebnisse durch Rechnung.
   a) $a = z_5 + z_6$ b) $b = z_1 - z_2$
   c) $c = 3z_3 - 1.5z_4 + 0.5z_5$ d) $d = 2(z_5 + z_3) - 3(0.5z_4 + z_6)$

Aufgabe 47: Zeichne in der Gauss'schen Ebene: $z = 6 + 4i$, $\overline{z}$, $\overline{z}$ und z.
Welche geometrischen Abbildungen führen z in $\overline{z}$, $-\overline{z}$ und $-z$ über?

5. Polarform der komplexen Zahlen

Bisher haben wir komplexe Zahlen in der Normalform $z = x + y \cdot i$ dargestellt. Ebenso gut ist es möglich (und wie wir im Weiteren sehen werden, sehr sinnvoll), z durch r und φ festzulegen.

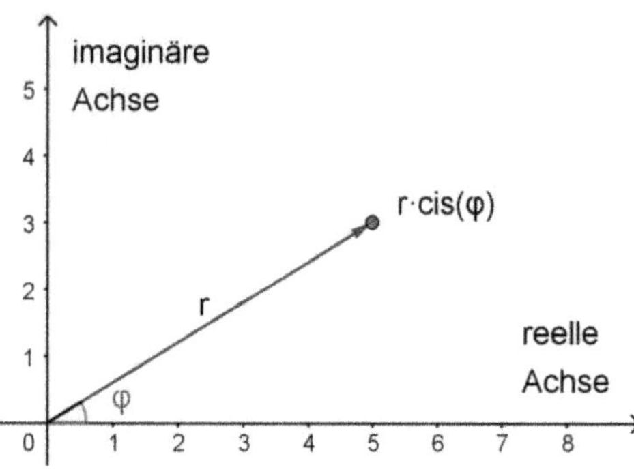

Definition

- $r \cdot (\cos\varphi + i \cdot \sin\varphi)$ heisst *Polardarstellung* der komplexen Zahl z.

- $r = |z|$ heisst *Betrag* der komplexen Zahl z.

- Der Winkel $\varphi = \arg(z)$, um den z im Gegenuhrzeigersinn aus der x–Achse herausgedreht wird, heisst *Argument* der komplexen Zahl z.

Mithilfe der Trigonometrie kann man die Normalform in die Polarform und umgekehrt

Umrechnungsformeln für $z = x + y \cdot i = r \cdot (\cos\varphi + i \cdot \sin\varphi)$ umzurechnen:

$$\textit{Normalform:} \quad x = r \cdot \cos(\varphi) \qquad\qquad \textit{Polarform:} \quad r = \sqrt{x^2 + y^2}$$

$$y = r \cdot \sin(\varphi) \qquad\qquad \tan(\varphi) = \frac{y}{x}$$

Vorsicht: Bei der Ermittlung von φ musst Du auf den Quadranten achten.

Beispiel: $z = -1 - i \Rightarrow \tan\varphi = \frac{-1}{-1} = 1$. Da z im dritten Quadranten liegt, ist $\varphi = 225°$ und nicht $45°$, wie der Taschenrechner anzeigt.

Schreibweise: Häufig schreibt man für $r \cdot (\cos\varphi + i \cdot \sin\varphi)$ die Abkürzung $r \cdot \text{cis}\varphi$.

Beispiel: $3 \cdot [\cos(235°) + i \cdot \sin(235°)] = 3 \cdot \text{cis}(235°)$

Übungen

Aufgabe 48: Verwandle in die Normalform:

    a) $4\text{cis}(90°)$ b) $3\text{cis}(0°)$ c) $2.5\text{cis}(270°)$ d) $2\text{cis}(60°)$ e) $4\text{cis}(-120°)$

    f) $2\text{cis}(-45°)$ g) $4\text{cis}(\pi/2)$ h) $6\text{cis}(^{3\pi}/_4)$ i) $\sqrt{3}\,\text{cis}(329°)$ k) $4\sqrt{3}\,\text{cis}(300°)$

    l) $6\cdot\text{cis}\left(\dfrac{\pi}{2}\right)$ m) $\dfrac{2}{3}\,\text{cis}\left(\dfrac{3\pi}{2}\right)$ n) $2\cdot\text{cis}\left(\dfrac{7\pi}{6}\right)$ o) $6\cdot\text{cis}\left(\dfrac{3\pi}{4}\right)$

Aufgabe 49: Gib die Polarform an:

    a) $2 + 2i$ b) $-2 + 2i$ c) $-2 - 2i$ d) $2 - 2i$

    e) 3 f) $3i$ g) -3 h) $-3i$

Aufgabe 50: Gib die Polarform an:

    a) $2 + 2\sqrt{3}\,i$ b) $-2 + 2\sqrt{3}\,i$

    c) $-6\sqrt{2} - 6\sqrt{2}\,i$ d) $2\sqrt{2} - 2\sqrt{2}\,i$

Aufgabe 51: Gib die Polarform an:

    a) $4 + 2i$ b) $-4 + 2i$

    c) $-1 + 3i$ d) $1 - 3i$

    e) $2.3 + 5.1i$ f) $-1.7 + 7.1i$

    g) $-12 - 23i$ h) $2.7 - 2.9i$

Aufgabe 52: $z_1 = 3 + 6i$, $z_2 = -1 + 2i$, $z_3 = -12i$

    a) $\arg(z_1 - z_2)$ b) $|z_1 + 2iz_2|$

    c) $\arg(z_1/z_3)$ d) $\arg(z_1^2 \cdot z_2)$

Aufgabe 53: Stelle die in beschreibender Form gegebene Zahlenmenge graphisch dar:

    a) $\{z \in \mathbb{C} \mid |z| = 1\}$

    b) $\{z \in \mathbb{C} \mid |z| \geq \sqrt{5}\}$

    c) $\{z \in \mathbb{C} \mid \arg(z) = 45°\}$

    d) $\{z \in \mathbb{C} \mid |z| = 3 \text{ und } 180° \leq \arg(z) \leq 270°\}$

    e) $\{z \in \mathbb{C} \mid 2 \leq |z| \leq 4 \text{ und } -60° \leq \arg(z) \leq -30°\}$

    f) $\{z \in \mathbb{C} \mid \arg(z) = 30° \text{ und } \operatorname{Re}(z) \leq 2\}$

    g) $\{z \in \mathbb{C} \mid |z| \leq 2 \text{ und } \operatorname{Im}(z) \geq 1\}$

Aufgabe 54: Gib von der zugehörigen Zahlenmenge eine beschreibende Form an:

    a) Kreislinie mit dem Zentrum $M(0)$ und dem Radius 5.

    b) Kreisbogen mit Zentrum $M(0)$ und den Endpunkten $A(\sqrt{3} + i)$ und $B(1 + \sqrt{3}\,i)$.

    c) Gerade, die durch die Punkte $A(-1 - i)$ und $B(1 + i)$ geht.

    d) Strecke mit den Endpunkten $A(-\sqrt{3} + 3i)$ und $B(-3\sqrt{3} + 9i)$.

Ein gewichtiger Vorteil der Polardarstellung komplexer Zahlen besteht darin, dass die Multiplikation und die Division in dieser Darstellung sehr einfach ausgeführt werden können.

Für $z_1 = r_1 \cdot \text{cis}\varphi_1$ und $z_2 = r_2 \cdot \text{cis}\varphi_2$ gelten folgende Aussagen:

Produkt

$$r_1\text{cis}(\varphi_1) \cdot r_2\text{cis}(\varphi_2) = r_1 \cdot r_2 \cdot \text{cis}(\varphi_1 + \varphi_2)$$

Quotient

$$\frac{r_1 \cdot \text{cis}(\varphi_1)}{r_2 \cdot \text{cis}(\varphi_2)} = \frac{r_1}{r_2}\text{cis}(\varphi_1 - \varphi_2)$$

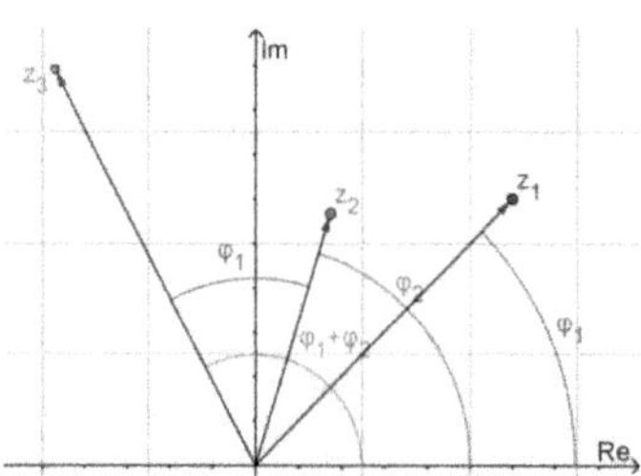

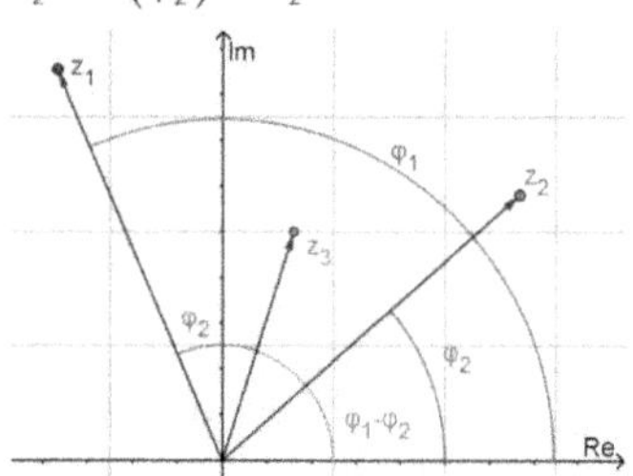

Diese Aussagen werden mithilfe der Additionstheoreme für $\cos(\alpha + \beta)$ und $\sin(\alpha + \beta)$ bewiesen:

$$\cos(\alpha + \beta) = \cos\alpha\cos\beta - \sin\alpha\sin\beta$$

$$\sin(\alpha + \beta) = \sin\alpha\cos\beta + \cos\alpha\sin\beta$$

$$\text{cis}\,\varphi_1\,\text{cis}\,\varphi_2 = (\cos\varphi_1 + i\sin\varphi_1)(\cos\varphi_2 + i\sin\varphi_2)$$

$$= \cos\varphi_1\cos\varphi_2 + i\cos\varphi_1\sin\varphi_2 + i\sin\varphi_1\cos\varphi_2 - \sin\varphi_1\sin\varphi_2$$

$$= \cos(\varphi_1 + \varphi_2) + i\cdot\sin(\varphi_1 + \varphi_2) = \text{cis}(\varphi_1 + \varphi_2)$$

Aufgabe 55: Stelle die Zahlen als Punkte der Zahlenebene dar ($n \in \mathbb{N}$):

    a) $z = \text{cis}(n \cdot 90°)$ b) $z = \text{cis}(n \cdot 60°)$ c) $z = \text{cis}(30° + n \cdot 120°)$

    d) $z = \text{cis}(160° + n \cdot 45°)$ e) $z = \text{cis}\left(\frac{2 \cdot n \cdot \pi}{5}\right)$ f) $z = \text{cis}\left(-\frac{\pi}{9} + \frac{2 \cdot n \cdot \pi}{9}\right)$

Aufgabe 56: Gib das Ergebnis in Polarform an:

    a) $\text{cis}(90°) \cdot \text{cis}(100°) \cdot \text{cis}(110°) \cdot \text{cis}(120°)$ b) $\text{cis}(172°) : \text{cis}(284°) \cdot \text{cis}(227°)$

    c) $[\text{cis}(25°)]^{-8} \cdot \text{cis}(35°)^4$ d) $[\text{cis}(12°)]^{15} \cdot [\text{cis}(15°)]^{12}$

    e) $[\cos(15°) + i\sin(15°)]\,[\cos(60°) + i\cdot\sin(60°)]$ f) $\dfrac{\cos(210°) - i\cdot\sin(210°)}{\cos(150°) + i\cdot\sin(150°)}$

Aufgabe 57: Gib zur Zahl z die konjugierte Zahl $\bar{z}$ und die Gegenzahl $-z$ an:

    a) $4 \cdot \text{cis}(60°)$ b) $\frac{1}{3} \cdot \text{cis}(-150°)$ c) $8 \cdot \text{cis}(100°)$

Aufgabe 58: Vereinfache diese Terme:

    a) $\text{cis}(\varphi) \cdot \text{cis}(-\varphi)$ b) $\text{cis}(\varphi) : \text{cis}(-\varphi)$

    c) $\text{cis}(\varphi) + \text{cis}(-\varphi)$ d) $\text{cis}(\varphi) - \text{cis}(-\varphi)$

Potenzen

Mit Hilfe der Polarform stellt das Potenzieren komplexer Zahlen kein grosses Problem dar.

Formel von De Moivre

$$\left(r \cdot cis(\varphi)\right)^n = r^n \cdot cis(n \cdot \varphi)$$

Aufgabe 59: Formuliere eine Regel für das Ziehen der n-ten Wurzel einer komplexen Zahl $z = r \cdot cis(\varphi)$.

Aufgabe 60: Gib das Ergebnis in Normalform an.

a) $(1+i)^{14}$ b) $(2-i)^7$

c) $\left(\sqrt{3}-i\right)^{12}$ d) $\sqrt{3+4i}$

e) $\sqrt[12]{4-3i}$

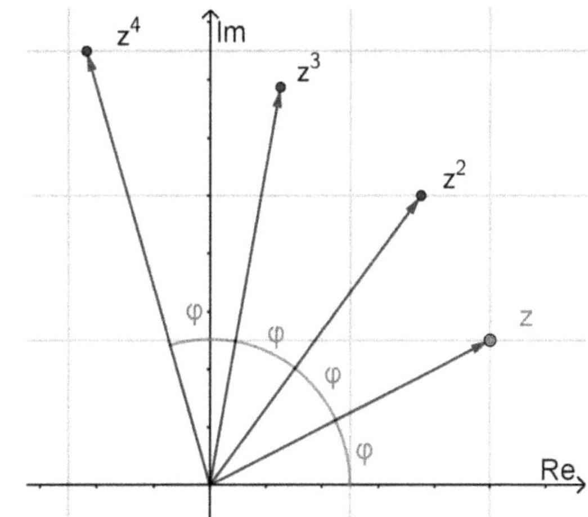

Gleichungen der Art $z^n = a$

Beispiel: $z^5 = 1+i = \sqrt{2}\,cis(45°)$

Lösungen: $z = \sqrt[10]{2} \cdot cis\left(\dfrac{45°}{5} + \dfrac{360°}{5} \cdot k\right)$

$$= \sqrt[10]{2} \cdot cis\left(9° + 72° \cdot k\right)$$

mit $k = 0, 1, 2, 3, 4$

Aufgabe 61: Löse die Gleichung in $\mathbb{C}$ (beachte die Anzahl Lösungen), notiere die Lösungen in Normalform und stelle sie in der Gaussschen Ebene dar:

a) $z^2 = i$

b) $z^3 = -8$

c) $z^4 = 1$

d) $z^4 = 4 \cdot cis(280°)$

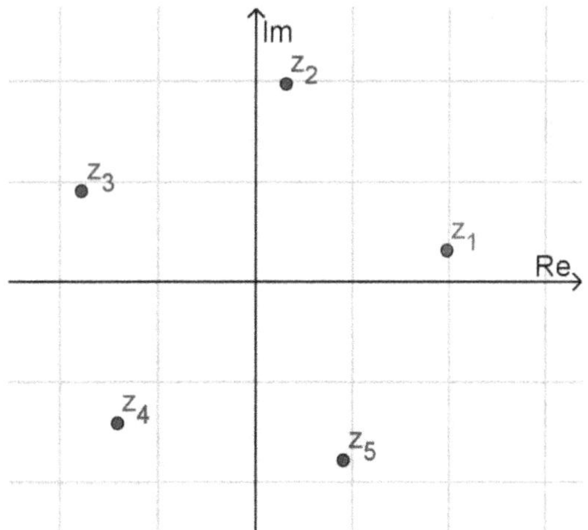

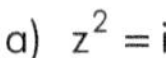

---

6. Fundamentalsatz der Algebra

Aufgabe 62: Löse die quadratischen Gleichungen mit reellen Koeffizienten:

a) $2z^2 - 2z + 5 = 0$ b) $z^2 + z + 2 = 0$

c) Erkennst Du eine Gesetzmässigkeit für die Lösungen einer solchen Gleichung?

Fundamentalsatz der Algebra: Jedes Polynom $p(z) = a_n z^n + a_{n-1} z^{n-1} + \ldots + a_0$ vom Grad $n \geq 1$ hat in den komplexen Zahlen mindestens eine Nullstelle.

Genauer gilt sogar, dass die Anzahl der Nullstellen, wenn sie mit der richtigen Vielfachheit gezählt werden, insgesamt gleich dem Grad des Polynoms ist. Daraus wiederum kann geschlossen werden, dass jedes Polynom vom Grad n in n Linearfaktoren zerlegt werden kann:

$$p(z) = a_n z^n + a_{n-1} z^{n-1} + \ldots + a_0 = a_n(z - z_1)(z - z_2)\ldots(z - z_n)$$

$z_1, z_2, \ldots, z_n$ sind die Nullstellen des Polynoms $p(z)$.

Hat ein Polynom mit reellen Koeffizienten eine komplexe Lösung z_1, so ist auch ihr komplex konjugiertes $z_2 = \overline{z_1}$ eine Nullstelle des Polynoms.

Hat die Gleichung $p_n(z) = 0$ die Lösung z_1, so ist das Polynom $p_n(z)$ ohne Rest teilbar durch $(z - z_1)$. Es ist also $p_n(z) = (z - z_1) \cdot g_{n-1}(z)$, wobei es sich bei $g_{n-1}(z)$ um ein Polynom vom Grad $n-1$ handelt.

Beispiel

$p_3(z) = z^3 - 5z^2 - 2z + 6 = 0$ Erraten: $z_1 = 1$

$(z^3 - 5z^2 - 2z + 6) : (z - 1) = z^2 - 4z - 6$

$\underline{-z^3 - z^2}$

$-4z^2 - 2z + 6$

$\underline{-4z^2 + 4z}$

$-6z + 6$

$\underline{-6z + 6}$

0

$z_{2,3} = \dfrac{4 \pm \sqrt{16 + 24}}{2} = 2 \pm \sqrt{10}$

Aufgabe 63: Löse folgende Gleichungen:

a) $z^2 - 2iz - 5 = 0$ b) $z^2 - (2-i)z + (2-4i) = 0$ c) $z^2 + (1-i)z - \dfrac{3+6i}{4} = 0$

Aufgabe 64: Finde eine möglichst einfache Gleichung mit reellen Koeffizienten, welche die angegebenen Lösungen hat. Schreibe die Gleichung als Polynom:

a) $-3 + i$ b) $4 - 3 \cdot i$ c) $-8, \frac{\sqrt{2}}{2}i$ d) $0, 1 + \frac{1}{3}i$

Aufgabe 65: Bestimme die Parameter und die unbekannten Lösungen. Alle Parameter sind reell.

a) Von der Gleichung $3z^3 + az^2 + bz - 20 = 0$ kennt man die Lösung $z_1 = -1 - 2i$.

b) Die Gleichung $2z^3 - 9z + a = 0$ hat eine Lösung mit Imaginärteil $\frac{3}{2}$.

Cardanische Formeln zur Lösung kubischer Gleichungen

Die cardanischen Formeln sind Formeln zur Lösung reduzierter kubischer Gleichungen (Gleichungen 3. Grades). Sie wurden, zusammen mit Lösungsformeln für quadratische Gleichungen, erstmals 1545 von dem Mathematiker Gerolamo Cardano in seinem Buch „Ars magna" veröffentlicht. Entdeckt wurde die Lösungsformel für kubische Gleichungen von Tartaglia; laut Cardano sogar noch früher durch Scipione del Ferro.

Die cardanischen Formeln waren eine wichtige Motivation für die Einführung der komplexen Zahlen, da man im Fall des „casus irreducibilis" durch das Ziehen einer Quadratwurzel aus einer negativen Zahl zu reellen Lösungen gelangen kann.

Die cardanischen Formeln besitzen heute für eine rein numerische Lösung kubischer Gleichungen kaum noch eine praktische Bedeutung, da sich die Lösungen bequemer durch das Newton-Verfahren mittels Computern bestimmen lassen. Sie sind dagegen für eine exakte Berechnung der Lösungen von erheblicher Bedeutung. Der Nachweis, dass es keine entsprechenden Formeln für Gleichungen fünften und höheren Grades geben kann, hat die Entwicklung der Algebra entscheidend beeinflusst.

Algorithmus

1. Die allgemeine Gleichung $Ax^3 + Bx^2 + Cx + D = 0$ durch Division durch A in die Form $x^3 + bx^2 + cx + d = 0$ gebracht.

2. Nun wird die Gleichung durch die Substitution $x = z - \frac{a}{3}$ in die reduzierte Form $z^3 + pz + q = 0$ gebracht, wobei gilt: $p = b - \frac{a^2}{3}$ und $q = \frac{2a^3}{27} - \frac{a \cdot b}{3} + c$.

3. $D = \left(\frac{p}{3}\right)^3 + \left(\frac{q}{2}\right)^2$

4. $u = \sqrt[3]{-\frac{q}{2} + \sqrt{D}}$ und $v = \sqrt[3]{-\frac{q}{2} - \sqrt{D}}$, wobei die Nebenbedingung $u \cdot v = -\frac{p}{3}$ erfüllt sein muss.

5. Die drei Lösungen für z lauten:

   $z_1 = u + v$

   $z_2 = u \cdot \varepsilon_1 + v \cdot \varepsilon_2$

   $z_3 = u \cdot \varepsilon_2 + v \cdot \varepsilon_1,$

   wobei $\varepsilon_1 = \mathrm{cis}(120°) = -\frac{1}{2} + \frac{\sqrt{3}}{2} \cdot i$ und $\varepsilon_2 = \mathrm{cis}(240°) = -\frac{1}{2} - \frac{\sqrt{3}}{2} \cdot i$ die beiden dritten Einheitswurzeln sind.

6. Man findet die Lösungen $x_i = z_i - \frac{b}{3}$.

Aufgabe 66: Löse diese kubischen Gleichungen:

   a) $z^3 + 9z + 6 = 0$

   b) $2x^3 - 3x^2 + 9x - 4 = 0$

   c) $x^3 + 3ix^2 + x + 3i = 0$

Lösungen

1. $\sqrt{2} \approx 1.4142135623\ldots$; Nein

2. –

3. $L = \{-1, 1\}$ $L = \{-5, 5\}$
   $L = \{-\sqrt{8}, \sqrt{8}\}$ $L = \{\} = \varnothing$

4. Das Mengendiagramm:

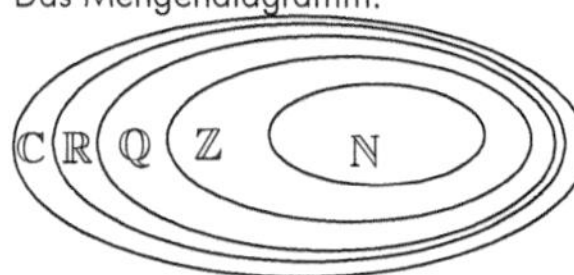

5. a) $\mathbb{C}$, $x_{1,2} = \pm\sqrt{3}\,i$ b) $\mathbb{N}$, $x = 2$
   c) $\mathbb{R}$, $x_{1,2} = \pm\sqrt{\pi}$

6. Die Wurzelgesetze gelten nur für positive Radikanden.

7. i) $(0 + 0) \cdot j = 0 \cdot j = 1$
   ii) $(0 + 0) \cdot j = 0 \cdot j + 0 \cdot j = 1 + 1 = 2$
   $1 \neq 2 \Rightarrow$ Widerspruch

8. $-1, -i, 1, 0, -1, i, i$

9. $i^n = i, -1, -i, 1, i, -1, -i, 1, i, -1, -i, 1, \ldots$
        für $n = 1, 2, 3, \ldots$)
   $i^n = -i, -1, i, 1, -i, -1, i, 1, -i, -1, i, 1, \ldots$
        für $n = -1, -2, -3, \ldots$
   Das Muster wiederholt sich nach vier Zahlen.

10. a) 1 b) -1 c) i
    d) i e) 2

11. a) 0 b) -1

12. a) -1 b) $-i$

13. Bei einem magischen Quadrat liefert die Summe aller Zahlen in jeder Zeile, jeder Spalte und den beiden Diagonalen denselben Wert. Bei einen 4×4-Quadart: $S_4 = 34$

14. Mit den folgenden Abkürzungen:
    C: Definition der imaginären Einheit ($i^2 = -1$)
    K: Kommutativgesetz
    A: Assoziativgesetz
    D: Distributivgesetz
    N: neutrales Element
    I: inverses Element
    R: Rechnung in den reellen Zahlen
    P: Definition der Potenz
    a) $2 \cdot 4i =_A (2 \cdot 4)i =_R 8i$
    b) $i - i =_I 0$
    c) $i^{-2} =_P \dfrac{1}{i^2} =_C \dfrac{1}{-1} =_{I,N} -1$
    d) $\dfrac{1}{1} =_I 1$
    e) $i + i =_N 1 \cdot i + 1 \cdot i =_D i \cdot (1 + 1) =_R i \cdot 2 =_K 2 \cdot i$
    f) $i^3 =_P i^2 \cdot i =_C (-1) \cdot i =_A{,I} -i$
    g) $i^4 =_P i^2 \cdot i^2 =_C (-1) \cdot (-1) =_R 1$
    h) $(3i)^2 =_P (3i) \cdot (3i) =_{A,K} (3 \cdot 3) \cdot (i \cdot i) =_{R,P} 9 \cdot i^2 =_C 9 \cdot (-1) =_{K,I} -9$
    i) $i - \frac{7}{4}i =_N 1 \cdot i - \frac{7}{4}i =_D i \cdot (1 - \frac{7}{4}) =_R i \cdot (-\frac{3}{4}) =_{K,A} -\frac{3}{4}i$
    j) $m \cdot i - n \cdot i =_K i \cdot m - i \cdot n =_D i(m - n)$
    k) $i^{-1} =_P \dfrac{1}{i} =_{I,N} \dfrac{i \cdot i}{i \cdot i \cdot i} =_P \dfrac{i^3}{i^4} =_{P,C,I,N} \dfrac{-i}{1} =_N -i$

15. a) imaginäre Zahl   b) reelle Zahl
    c) imaginäre Zahl   d) reelle Zahl

16. a) rational, reell, komplex   b) reell, komplex
    c) komplex   d) imaginär, komplex
    e) reell, komplex   f) komplex

17. a) Ja   b) Ja
    c) Nein   d) Nein
    e) Ja   f) Ja

18. a) $-\dfrac{5}{34}$ b) $-\dfrac{5}{3}$
    c) $\dfrac{31}{73}$ d) $\dfrac{5}{7}$

19. a) $15 + 5 \cdot i$ b) $-4 + 23 \cdot i$
    c) $-1 + 2 \cdot i$ d) $40 \cdot i$
    e) -40 f) $60 - 35 \cdot i$
    g) $50 + 38 \cdot i$ h) $48 + 14 \cdot i$

20. a) $2\sqrt{5}$ b) $4i$
    c) 9

21. a) 0 b) $800\sqrt{5}\,i$
    c) $3.75 - 2i$ d) $-40 + 5i$
    e) $-5i$ f) $2 + 3i$
    g) $\dfrac{2}{13} + \dfrac{3}{13}i$ h) $4 - i$

22. a) $15 - 13 \cdot i$ b) $27 - 66 \cdot i$
    c) 15 d) $-9 - 32 \cdot i$
    e) 8 f) $367 - 315 \cdot i$

23. a) $5 \cdot i$ b) $1 + 2 \cdot i$
    c) $-{}^{8i}/_5$ d) ${}^5/_2 - 2 \cdot i$
    e) ${}^1/_3 + {}^1/_3 i$ f) $-{}^2/_3 i$
    g) ${}^5/_2 + 2i$ h) $-5i$

24. a) $\dfrac{11}{10} - \dfrac{7}{10}i$ b) $12 - 5i$
    c) $3 + 4 \cdot i$ d) $9 + 4 \cdot i$

25. a) $\dfrac{2}{5} - \dfrac{1}{5}i$ b) $-\dfrac{12}{13} + \dfrac{123}{52}i$
    c) $\sqrt{2} + \sqrt{5}\,i$ d) $\dfrac{1}{5} + \dfrac{2\sqrt{6}}{5}i$

26. z_1 und z_8; z_2 und z_7; z_3 und z_6; z_4 und z_5

27. i) a) 4 b) $-6i$
        c) 13 d) $-\dfrac{5}{13} - \dfrac{12}{13}i$
    ii) a) $2 \cdot x$ b) $2 \cdot y \cdot i$
        c) $x^2 + y^2$ d) $\dfrac{x^2 - y^2}{x^2 + y^2} + \dfrac{2 \cdot x \cdot y}{x^2 + y^2} \cdot i$

28. a) $4 - i$ b) $\dfrac{x^2 - y^2}{x^2 + y^2} + \dfrac{2 \cdot x \cdot y}{x^2 + y^2} \cdot i = \dfrac{\overline{z}^2}{|z|^2} = \left(\dfrac{\overline{z}}{|z|}\right)^2$

29. a) $z = 12 + 5i$, $\overline{z} = 12 - 5i$, $z^{-1} = \dfrac{12}{169} + \dfrac{5}{169}i$
    b) $-z = -\dfrac{5}{3}i$, $\overline{z} = -\dfrac{5}{3}i$, $z^{-1} = -\dfrac{3}{5}i$
    c) $-z = -3 - i$, $\overline{z} = 3 - i$, $z^{-1} = \dfrac{3}{10} - \dfrac{1}{10}i$

30. a) $z^{-1} = \dfrac{2}{5} - \dfrac{1}{5}i$ b) $z^{-1} = \dfrac{4}{25} - \dfrac{3}{25}i$
    c) $z^{-1} = \dfrac{24}{625} + \dfrac{7}{625}i$ d) $z^{-1} = -\dfrac{1}{5} + \dfrac{2}{5}i$

31. Dieses Zeichen ist überflüssig, da $\underline{z} = x - i \cdot y = -\overline{z}$

32. a) $z \in \mathbb{R}$ b) $z \in \{0\}$

    c) $z \in \{1, -1\}$ d) $z \in \mathbb{C}$

    e) $z \in \mathbb{C}$ f) $z \in \mathbb{R}$

    g) $z \in \mathbb{C}$

33. a) $L = \{2, -2\}$ b) $L = \{2i, -2i\}$
    c) $L = \{2+3i, 2-3i\}$ d) $L = \{4i, -4i\}$
    e) $L = \{-2+i, -2-i\}$ f) $L = \{-5, 1\}$
    g) $L = \{^5/_9 i, -^5/_9 i\}$

34. $z = 4.4 - 1.8i$

35. a) $L = \{\} \subset \mathbb{N}$

       $L = \{\} \subset \mathbb{Z}$

       $L = \{\} \subset \mathbb{Q}$

       $L = \{\sqrt{5}, -\sqrt{5}\} \subset \mathbb{R}$

       $L = \{\sqrt{5}, -\sqrt{5}, \sqrt{5}\,i, -\sqrt{5}\,i\} \subset \mathbb{C}$

    b) $L = \{4\} \subset \mathbb{N}$

       $L = \{4, -4\} \subset \mathbb{Z}$

       $L = \{4, -4\} \subset \mathbb{Q}$

       $L = \{4, -4\} \subset \mathbb{R}$

       $L = \{4, -4, 4i, -4i\} \subset \mathbb{C}$

    c) $L = \{2\} \subset \mathbb{N}$

       $L = \{2, -3\} \subset \mathbb{Z}$

       $L = \{2, -3, \frac{2}{3}\} \subset \mathbb{Q}$

       $L = \{2, -3, \frac{2}{3}, \sqrt{2}, -\sqrt{2}\} \subset \mathbb{R}$

       $L = \{2, -3, \frac{2}{3}, \sqrt{2}, -\sqrt{2}, i, -i\} \subset \mathbb{C}$

36. a) $z_1 = 1 + i$ $z_2 = 2 - i$
    b) $z_1 = 2 + i$ $z_2 = 2 - 3i$ $z_3 = -3 + 2i$

37. a) $-7 - 24i$
    b) 4
    c) $-^{47}/_8$

38. $n = 2 + 4 \cdot k$ $k \in \mathbb{Z}$

39. $z_1 = 3 + 2i$ $z_2 = -3 - 2i$

40. $\sqrt{2} + \sqrt{2}\,i$

41. $|z_1| = 13$ $|z_2| = 13$

    Beide Punkte haben denselben Abstand zum
    Nullpunkt, d. h. sie liegen beide auf demselben Kreis
    um den Nullpunkt.

42. Die Figur sieht so aus:

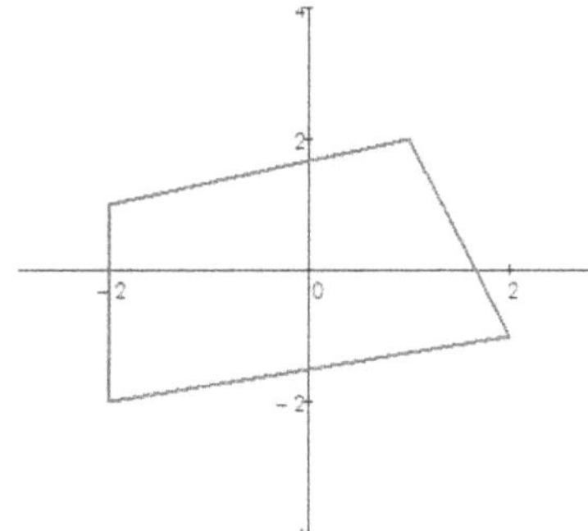

43. –

44. a)

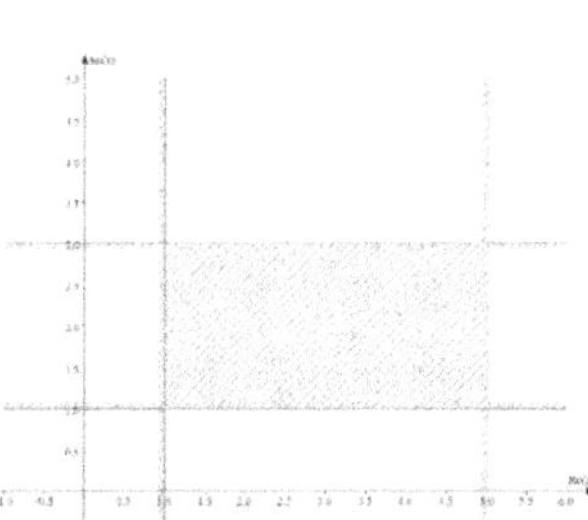

    b)

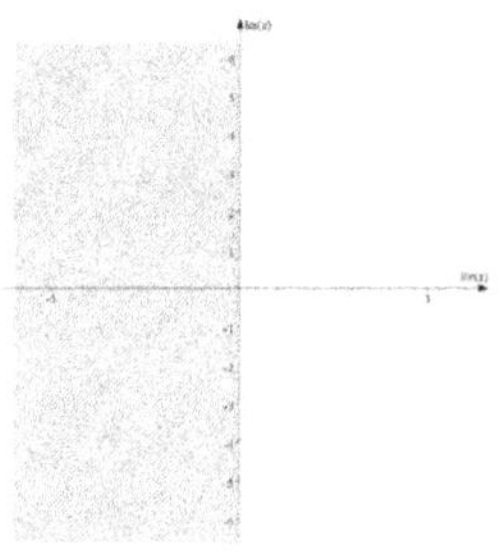

    c)

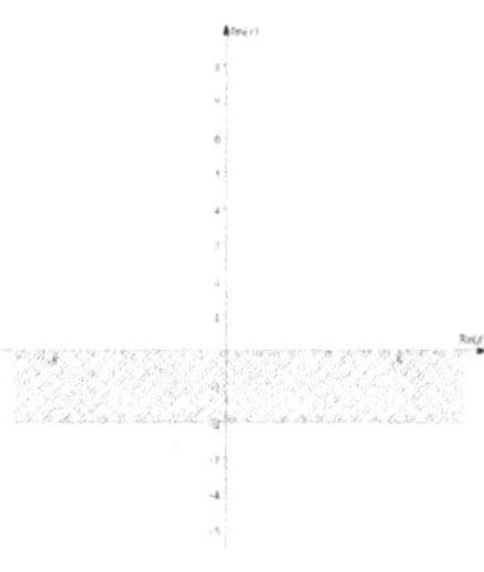

    d)

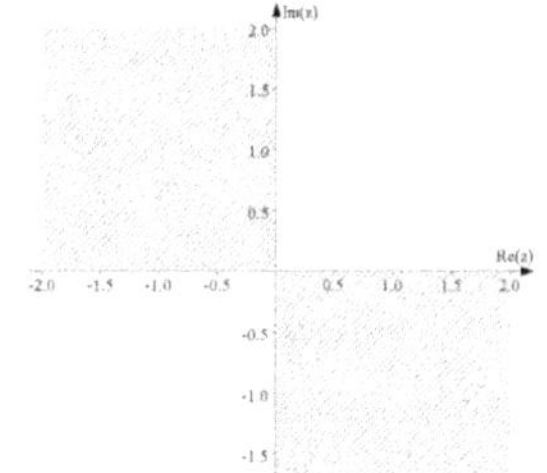

    e)

f)

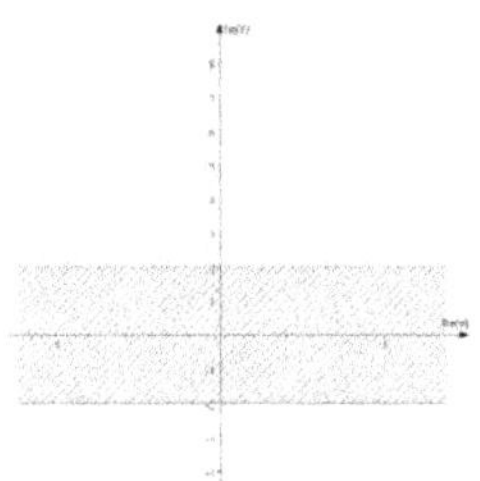

g)

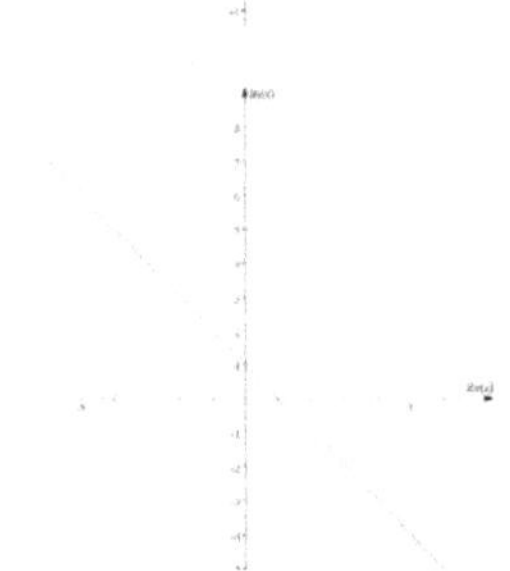

h)

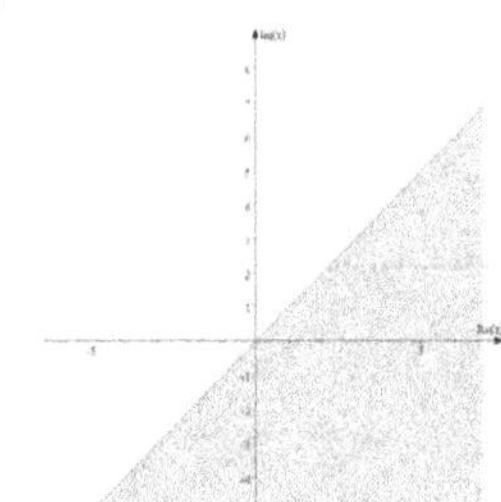

45. a) $\{z \in \mathbb{C} \mid \mathrm{Im}(z) = 6\}$

b) $\{z \in \mathbb{C} \mid \mathrm{Re}(z) = -3\}$

c) $\{z \in \mathbb{C} \mid \mathrm{Im}(z) = 0\}$ (reelle Achse)

$\{z \in \mathbb{C} \mid \mathrm{Re}(z) = 0\}$ (imaginäre Achse)

d) $\{z \in \mathbb{C} \mid \mathrm{Re}(z) = 0 \cap (2 \leq \mathrm{Im}(z) \leq 4)\}$

e) $\{z \in \mathbb{C} \mid (-8 < \mathrm{Re}(z) < -3) \cap (-1 < \mathrm{Im}(z) < 3)\}$

f) $\{z \in \mathbb{C} \mid \mathrm{Re}(z) > 0 \cap \mathrm{Im}(z) > 0\}$

46. a) $a = -1 - 8 \cdot i$ b) $b = 3 - 2 \cdot i$
    c) $c = -^9\!/_2 + 3 \cdot i$ d) $d = 12 - 2 \cdot i$

47. $-z = -6 - 4i$ (Spiegelung an der reellen Achse)
    $\overline{z} = 6 - 4i$ (Spiegelung an der imaginären Achse)
    $-\overline{z} = -6 + 4i$ (Punktspiegelung am Ursprung)

48. a) $4 \cdot i$ b) 3
    c) $-2.5 \cdot i$ d) $1 + \sqrt{3} \cdot i$
    e) $-2 - 2\sqrt{3} \cdot i$ f) $\sqrt{2} - \sqrt{2}\, i$
    g) $4 \cdot i$ h) $-3\sqrt{2} + 3\sqrt{2}\, i$
    i) $1.485 - 0.892i$ k) $2\sqrt{3} - 6 \cdot i$
    l) $6i$ m) $-^2\!/_3 i$
    n) $-\sqrt{3} - i$ o) $-3\sqrt{2} + 3\sqrt{2}i$

49. a) $2 \cdot \sqrt{2}\, \mathrm{cis}(45°)$ b) $2 \cdot \sqrt{2}\, \mathrm{cis}(135°)$
    c) $2 \cdot \sqrt{2}\, \mathrm{cis}(-135°)$ d) $2 \cdot \sqrt{2}\, \mathrm{cis}(-45°)$
    e) $3\mathrm{cis}(0°)$ f) $3\mathrm{cis}(90°)$
    g) $3\mathrm{cis}(180°)$ h) $3\mathrm{cis}(-90°)$

50. a) $4\mathrm{cis}(60°)$ b) $4\mathrm{cis}(120°)$
    c) $12\mathrm{cis}(-135°)$ d) $4\mathrm{cis}(-45°)$

51. a) $4.47\mathrm{cis}(26.57°)$ b) $4.47\mathrm{cis}(153.43°)$
    c) $3.16\mathrm{cis}(108.43°)$ d) $3.16\mathrm{cis}(288.43°)$
    e) $5.59\mathrm{cis}(65.73°)$ f) $7.30\mathrm{cis}(103.47°)$
    g) $25.94\mathrm{cis}(242.45°)$ h) $3.96\mathrm{cis}(312.95°)$

52. a) $45°$ b) $\sqrt{17}$
    c) $153.43°$ d) $-116.57°$

53. a)

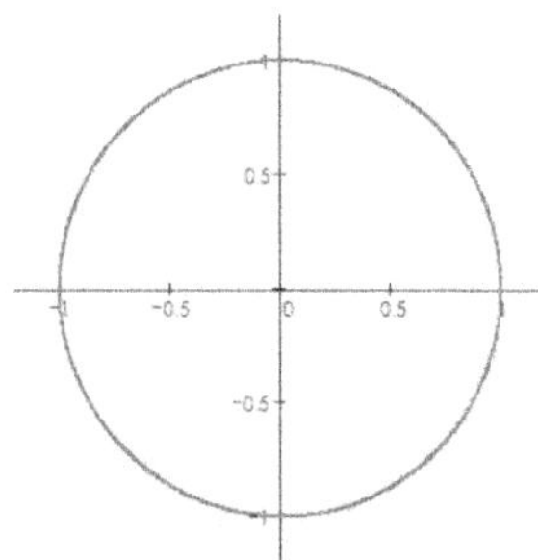

b)

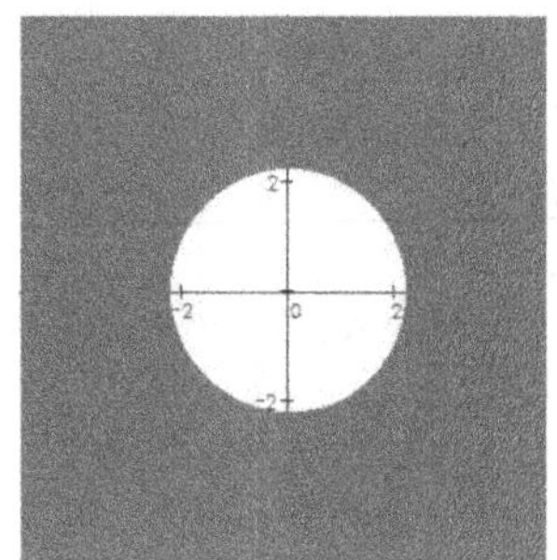

c)

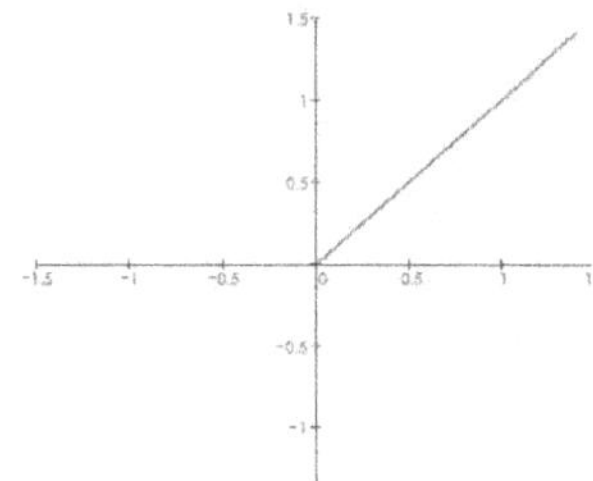

d)

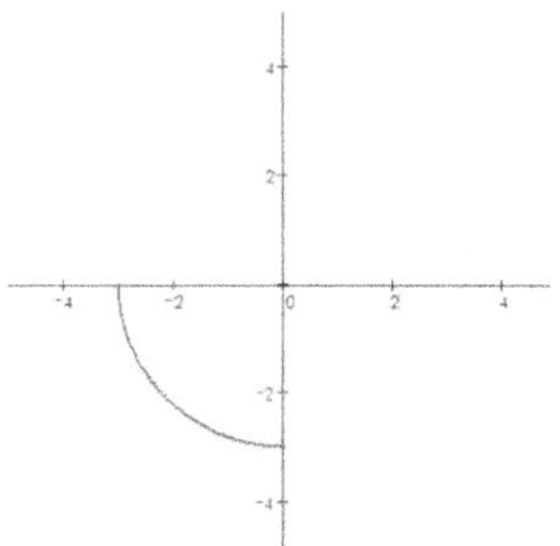

e)

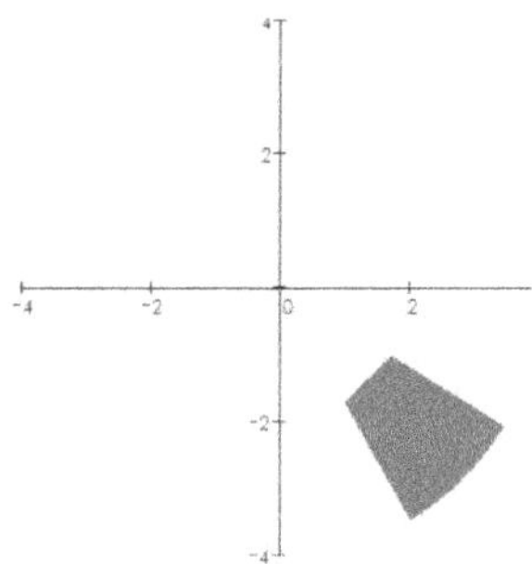

f)

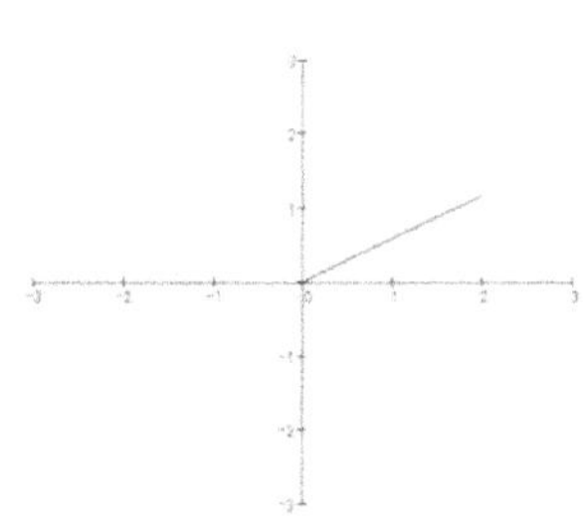

g)

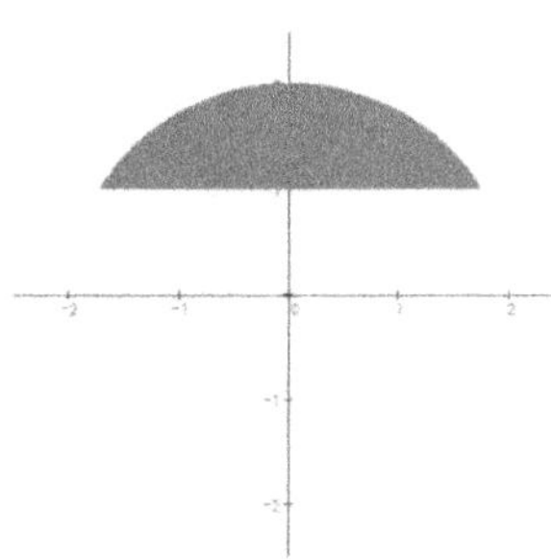

54. a) $\{z \in \mathbb{C} \mid |z| = 5\}$

b) $\{z \in \mathbb{C} \mid |z| = 2 \cap 30° \leq \arg(z) \leq 60°\}$

c) $\{z \in \mathbb{C} \mid \arg(z) = 45° \cup \arg(z) = 225°\}$

d) $\{z \in \mathbb{C} \mid \arg(z) = 120° \cap 2\sqrt{3} \leq |z| \leq 6\sqrt{3}\}$

55. a)

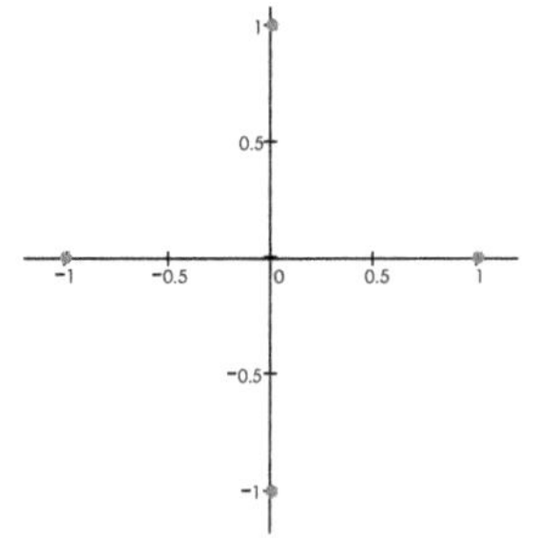

b)

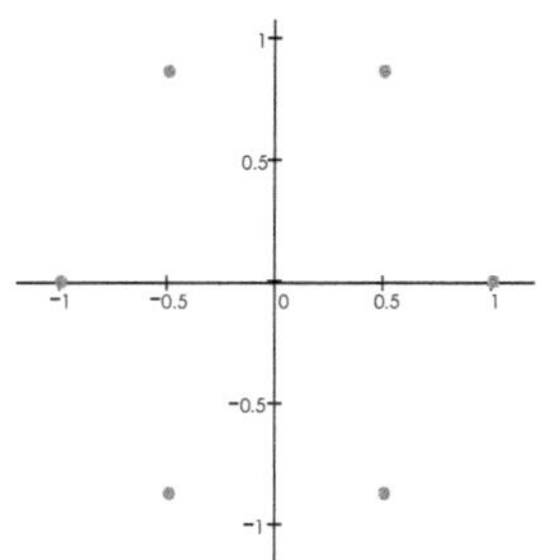

c)

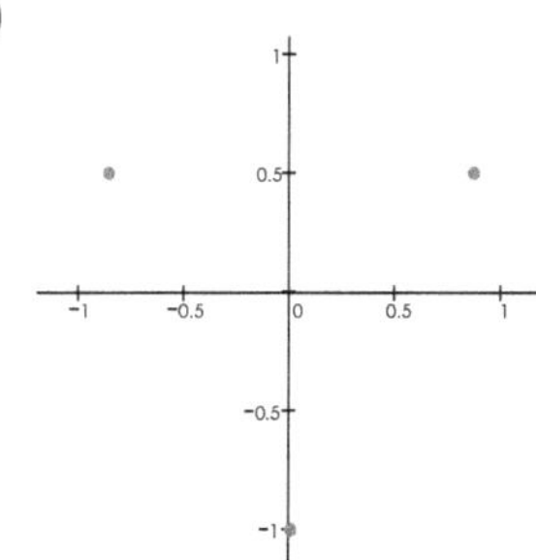

d)

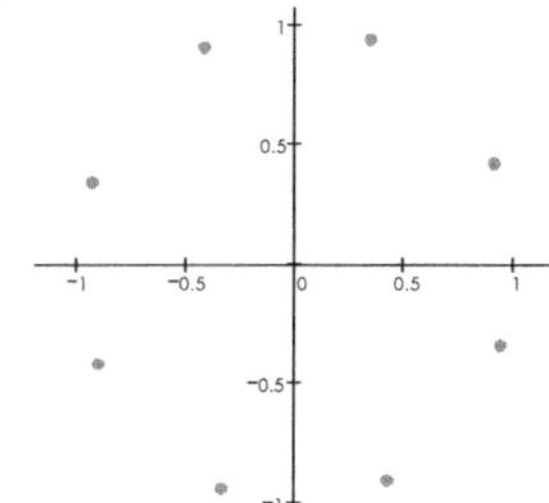

e)

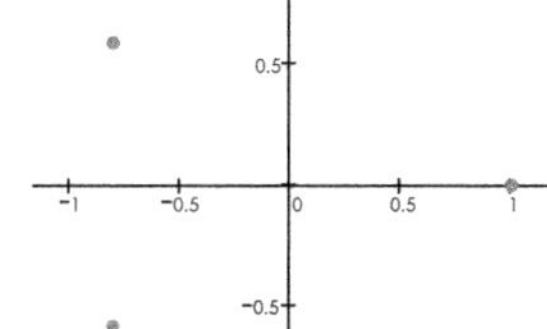

f)

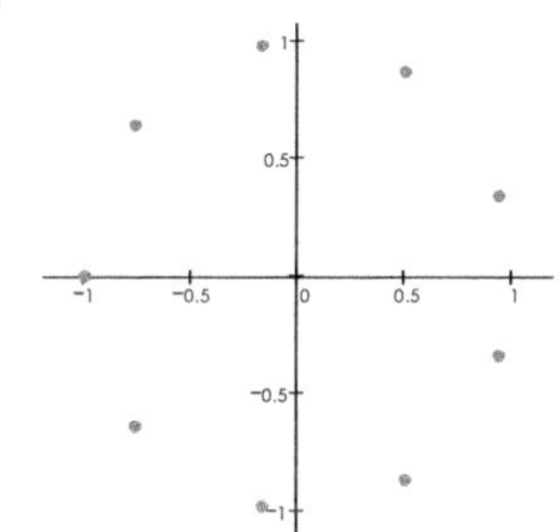

56. a) $\mathrm{cis}(60°)$ b) $\mathrm{cis}(115°)$
   c) $\mathrm{cis}(-60°)$ d) $\mathrm{cis}(0°) = 1$
   e) $\mathrm{cis}(75°)$ f) $\mathrm{cis}(0°) = 1$

57. a) $\bar{z} = 4\,\mathrm{cis}(-60°) = 4\,\mathrm{cis}(300°)$
     $-z = 4\,\mathrm{cis}(240°)$
   b) $\bar{z} = {}^{1}/_{3}\mathrm{cis}(150°)$
     $-z = {}^{1}/_{3}\mathrm{cis}(30°)$
   c) $\bar{z} = 8\cdot\mathrm{cis}(-100°) = 8\cdot\mathrm{cis}(260°)$
     $-z = 8\cdot\mathrm{cis}(280°)$

58. a) 1 b) $\mathrm{cis}(2\cdot\varphi)$
   c) $2\cos(\varphi)$ d) $2\cdot i\cdot\sin(\varphi)$

59. $\sqrt[n]{z} = \sqrt[n]{r}\cdot\mathrm{cis}\left(\dfrac{\varphi}{n}\right)$

60. a) $-128i$ b) $-278 + 29i$
   c) 4096 d) $2 + i$
   e) $1.142 - 0.061i$

61. a) $L = \left\{\dfrac{\sqrt{2}}{2} + \dfrac{\sqrt{2}}{2}i,\ -\dfrac{\sqrt{2}}{2} - \dfrac{\sqrt{2}}{2}i\right\}$
   b) $L = \left\{1 + \sqrt{3}\,i,\ 1 - \sqrt{3}\,i,\ -2\right\}$
   c) $L = \left\{1,\ -1,\ i,\ -i\right\}$
   d) $L = \left\{\sqrt{2}\,\mathrm{cis}(70°),\ \sqrt{2}\,\mathrm{cis}(160°),\right.$
     $\left.\sqrt{2}\,\mathrm{cis}(250°),\ \sqrt{2}\,\mathrm{cis}(340°)\right\}$

62. a) $z_1 = \tfrac{1}{2} + \tfrac{3}{2}i$ $z_2 = \tfrac{1}{2} - \tfrac{3}{2}i$
   b) $z_1 = -\tfrac{1}{4} + \tfrac{\sqrt{15}}{4}i$ $z_2 = -\tfrac{1}{4} - \tfrac{\sqrt{15}}{4}i$
   c) Die Lösungen sind immer ein konjugiert komplexes Paar.

63. a) $z_1 = -2 + i$ $z_2 = 2 + i$
   b) $z_1 = 2 + i$ $z_2 = -2i$
   c) $z_1 = {}^{1}/_{2} + i$ $z_2 = -{}^{3}/_{2}$

64. a) $z^2 + 6z + 10 = 0$
   b) $z^2 - 8z + 25 = 0$
   c) $z^3 + 8z^2 + \tfrac{1}{2}z + 4 = 0$
   d) $z^3 - 2z^2 + {}^{10}/_{9}z = 0$

65. a) $3z^3 + 2z^2 + 7z - 20 = 0$
     $z_1 = -1 - 2i$
     $z_2 = -1 + 2i$
     $z_3 = {}^{4}/_{3}$
   b) $2z^3 - 9z + 27 = 0$
     $z_1 = -{}^{3}/_{2} - {}^{3}/_{2}i$
     $z_2 = -{}^{3}/_{2} + {}^{3}/_{2}i$
     $z_3 = -3$

66. a) $-0.637,\ 0.319{-}3.050i,\ 0.319{+}3.050i$
   b) $0.5,\ 0.5{-}1.936i,\ 0.5{-}1.936i$
   c) $-i,\ i,\ -3i$

Komplexe Zahlen
Eulersche Formel

Richard Feynman nannte diese Gleichung in seinem Notizbuch die „bemerkenswerteste Formel der Welt"; andere nennen sie die schönste Formel der Mathematik. Die Eulersche Identität vereinigt die beiden wichtigsten Konstanten e und π zusammen mit 0 und 1 in einer Formel. Leonhard Euler (*1707 in Basel; † 1783 in Sankt Petersburg) war einer der bedeutendsten Mathematiker aller Zeiten.

Die Eulersche Formel

Aufgabe 1: Berechne die Taylor-Reihenentwicklung der komplexen Funktion $f(x) = e^{i \cdot x}$ um $x_0 = 0$. Vergleiche das Ergebnis mit der Reihenentwicklung der Sinus- und der Kosinus-Funktion.

Aufgabe 2: Gegeben ist die Funktion $f(x) = \dfrac{\cos(x) + i \cdot \sin(x)}{e^{i \cdot x}}$.

    a)   Berechne f(0).

    b)   Leite die Funktion f(x) ab und vereinfache den gefundenen Ausdruck.

    c)   Was kann aus diesen beiden Ergebnissen geschlossen werden?

Du hast nun auf zwei Arten die Eulersche Formel[1] gezeigt:

$$e^{i \cdot \varphi} = \cos(\varphi) + i \cdot \sin(\varphi)$$

Schreibweise: Häufig schreibt man für $r \cdot (\cos\varphi + i \cdot \sin\varphi)$ die Abkürzung $r \cdot \text{cis}\varphi$.

Aufgabe 3: Setze $x = \pi$ in die Eulersche Formel ein. Daraus entsteht die Eulersche Identität:

$$e^{i \cdot \pi} + 1 = 0$$

Die Eulersche Identität vereint fünf der wichtigsten mathematischen Konstanten in einer Gleichung:
- Die Eulersche Zahl e und die Kreiszahl π.
- Die imaginäre Einheit i und reelle Einheit 1.
- Das neutrale Element der Multiplikation 1 und der Addition 0.

---

[1]   Diese Gleichung wurde von Leonhard Euler 1748 in *Introductio in analysin infinitorum* veröffentlicht.

Übungen

Aufgabe 4: Gegeben sind zwei komplexe Zahlen $z_1 = 1.2 \cdot e^{\frac{\pi}{4} \cdot i}$ und $z_2 = 1.4 \cdot e^{\frac{\pi}{3} \cdot i}$. Berechne:

a) $z_1 \cdot z_2$ b) $\dfrac{z_1}{z_2}$ c) $\dfrac{1}{z_1}$

d) z_1 e) $-z_1$ f) z_1^5

g) $z_1 + z_2$ h) $z_1 - z_2$

Aufgabe 5: Gib jeweils eine Regel für diese Ausdrücke an, wobei $z_1 = r_1 \cdot e^{\varphi_1 \cdot i}$ und $z_2 = r_2 \cdot e^{\varphi_2 \cdot i}$:

$z_1 \cdot z_2 = \dots\dots\dots\dots\dots\dots$ $\dfrac{z_1}{z_2} = \dots\dots\dots\dots\dots\dots$

$\dfrac{1}{z} = \dots\dots\dots\dots\dots\dots$ $z^n = \dots\dots\dots\dots\dots\dots$

$\overline{z} = \dots\dots\dots\dots\dots\dots$ $-z = \dots\dots\dots\dots\dots\dots$

$z_1 + z_2 = \dots\dots\dots\dots\dots\dots$ $z_1 - z_2 = \dots\dots\dots\dots\dots\dots$

Aufgabe 6: Wir wissen nun, dass $\operatorname{cis}(\varphi) = e^{i \cdot \varphi}$ gilt. Beweise damit folgende Regeln für das Rechnen mit komplexen Zahlen in Polarform:

a) $z^n = \big(r \cdot \operatorname{cis}(\varphi)\big)^n = r^n \operatorname{cis}(n \cdot \varphi)$

b) $\sqrt[n]{z} = \sqrt[n]{r \cdot \operatorname{cis}(\varphi)} = \sqrt[n]{r} \cdot \operatorname{cis}\left(\dfrac{\varphi}{n}\right)$

b) $z_1 \cdot z_2 = \big(r_1 \operatorname{cis}(\varphi_1)\big) \cdot \big(r_2 \operatorname{cis}(\varphi_2)\big) = r_1 r_2 \cdot \operatorname{cis}(\varphi_1 + \varphi_2)$

Aufgabe 7: Gegeben sind jeweils zwei komplexe Zahlen z_1 und z_2.
Berechne $z_1 \cdot z_2$, $\dfrac{z_1}{z_2}$, z_1^2 und $\sqrt{z_1}$

a) $z_1 = 2 \cdot e^{0.5i}$, $z_2 = 3 \cdot e^{-1.2i}$ b) $z_1 = 5 \cdot e^{\frac{2 \cdot \pi}{3} i}$, $z_2 = 5 \cdot e^{\frac{5 \cdot \pi}{2} i}$

c) $z_1 = \dfrac{1}{3} \cdot e^{\frac{3 \cdot \pi}{4} i}$, $z_1 = \dfrac{3}{4} \cdot e^{\frac{\pi}{2} i}$ d) $z_1 = 3$, $z_2 = 2 \cdot e^{-2i}$

Aufgabe 8: Vereinfache die folgenden Wurzeln:

a) $\sqrt[3]{8 \cdot e^{2i}}$ b) $\sqrt[4]{5 \cdot e^{-3i}}$

c) $\sqrt[3]{3 + 4i}$ d) $\sqrt[5]{i}$

Aufgabe 9: Zeige mit Hilfe der Eulerschen Formel, dass $\sin(x) = \dfrac{e^{i \cdot x} - e^{-i \cdot x}}{2i}$ gilt. Beachte, dass der Sinus eine punktsymmetrische Funktion ist.

Aufgabe 10: Beweise $\cos(x) = \dfrac{e^{i \cdot x} + e^{-i \cdot x}}{2}$ mit Hilfe

    a)   der Eulerschen Formel und

    b)   Potenzreihenentwicklungen von e^{ix} und e^{-ix}.

Aufgabe 11: Beweise mit Hilfe der Eulerschen Formel die beiden Additionstheoreme
$$\sin(x+y) = \sin(x)\cos(y) + \sin(y)\cos(x) \quad \text{und} \quad \cos(x+y) = \cos(x)\cos(y) - \sin(x)\sin(y).$$

Beweisidee: Betrachte $\cos(x+y) + i \cdot \sin(x+y)$.

Lösungen

1. $\sin(x) = x - \frac{1}{3!}x^3 + \frac{1}{5!}x^5 - \frac{1}{7!}x^7 + \frac{1}{9!}x^9 + \ldots$

$\cos(x) = 1 - \frac{1}{2!}x^2 + \frac{1}{4!}x^4 - \frac{1}{6!}x^6 + \frac{1}{8!}x^8 + \ldots$

$e^{i \cdot x} = 1 + i \cdot x - \frac{1}{2!}x^2 - i \cdot \frac{1}{3!}x^3 + \frac{1}{4!}x^4 + i \cdot \frac{1}{5!}x^5 - \frac{1}{6!}x^6 - i \cdot \frac{1}{7!}x^7 + \frac{1}{8!}x^8 + i \cdot \frac{1}{9!}x^9 + \ldots$

2. $f(0) = \dfrac{\cos(0) + i \cdot \sin(0)}{e^{i \cdot 0}} = \dfrac{1 + i \cdot 0}{1} = 1$

$f'(x) = \dfrac{\left(-\sin(x) + i \cdot \cos(x)\right) \cdot e^{i \cdot x} - \left(\cos(x) + i \cdot \sin(x)\right) \cdot e^{i \cdot x} \cdot i}{e^{2 \cdot i \cdot x}} = \dfrac{-\sin(x) + i \cdot \cos(x) - i \cdot \cos(x) + \sin(x)}{e^{i \cdot x}} = \dfrac{0}{e^{i \cdot x}} = 0$

Die Funktion f(x) hat an der Stelle x = 0 den Wert 1 und hat überall die Steigung 0. Somit hat f(x) an allen Stellen x den Wert 1 und somit sind Zähler und Nenner identisch.

3. $e^{i \cdot \pi} = \cos(\pi) + i \cdot \sin(\pi) = -1 + i \cdot 0 = -1$

$e^{i \cdot \pi} = -1$

$e^{i \cdot \pi} + 1 = 0$

4. a) $1.68 \cdot e^{\frac{7 \cdot \pi}{12} i}$ b) $\frac{6}{7} \cdot e^{-\frac{\pi}{12} i}$ c) $\frac{5}{7} \cdot e^{-\frac{\pi}{3} i}$

    d) $1.2 \cdot e^{-\frac{\pi}{4} i}$ e) $1.2 \cdot e^{\frac{5 \cdot \pi}{4} i}$ f) $2.48832 \cdot e^{\frac{5 \cdot \pi}{4} i}$

    g) $1.54853 + 2.06096\,i$ h) $0.148528 - 0.363907\,i$

5. $r_1 \cdot r_2 \cdot e^{(\varphi_1 + \varphi_2) i}$ $\dfrac{r_1}{r_2} \cdot e^{(\varphi_1 - \varphi_2) i}$

$\dfrac{1}{r} \cdot e^{-\varphi i}$ $r^n \cdot e^{n \cdot \varphi i}$

$r \cdot e^{-\varphi i}$ $r \cdot e^{(\varphi + \pi) i}$

keine einfache Lösung   keine einfache Lösung

6. a) $z^n = \left(r \cdot \mathrm{cis}(\varphi)\right)^n = \left(r \cdot e^{i \cdot \varphi}\right)^n = r^n \cdot \left(e^{i \cdot \varphi}\right)^n = r^n \cdot e^{i \cdot \varphi \cdot n} = r^n \mathrm{cis}(n \cdot \varphi)$

    b) $\sqrt[n]{z} = \sqrt[n]{r \cdot \mathrm{cis}(\varphi)} = \left(r \cdot \mathrm{cis}(\varphi)\right)^{\frac{1}{n}} = \left(r \cdot e^{i \cdot \varphi}\right)^{\frac{1}{n}} = r^{\frac{1}{n}} \cdot \left(e^{i \cdot \varphi}\right)^{\frac{1}{n}} = r^{\frac{1}{n}} \cdot e^{i \cdot \varphi \cdot \frac{1}{n}} = r^{\frac{1}{n}} \mathrm{cis}\left(\frac{\varphi}{n}\right) = \sqrt[n]{r}\,\mathrm{cis}\left(\frac{\varphi}{n}\right)$

    c) $z_1 \cdot z_2 = \left(r_1 \mathrm{cis}(\varphi_1)\right) \cdot \left(r_2 \mathrm{cis}(\varphi_2)\right) = \left(r_1 \cdot e^{i \cdot \varphi_1}\right) \cdot \left(r_2 \cdot e^{i \cdot \varphi_2}\right) = r_1 \cdot e^{i \cdot \varphi_1} \cdot r_2 \cdot e^{i \cdot \varphi_2} = r_1 r_2 \cdot e^{i \cdot (\varphi_1 + \varphi_2)} = r_1 r_2 \cdot \mathrm{cis}(\varphi_1 + \varphi_2)$

7.

$z_1 \cdot z_2$	$\dfrac{z_1}{z_2}$	$z_1^{\,2}$	$\sqrt{z_1}$
$6 \cdot e^{7 \cdot i}$	$\frac{2}{3} \cdot e^{1.7 \cdot i}$	$4 \cdot e^{i}$	$\sqrt{3} \cdot e^{-0.6 \cdot i}\ /\ \sqrt{3} \cdot e^{2.5416 \cdot i}$
$10 \cdot e^{-\frac{5 \cdot \pi}{6} i}$	$2.5 \cdot e^{\frac{\pi}{6} i}$	$25 \cdot e^{-\frac{2 \pi}{3} i}$	$\sqrt{2} \cdot e^{-\frac{3\pi}{4} i}\ ;\ \sqrt{2} \cdot e^{\frac{\pi}{4} i}$
$\sqrt{2} \cdot e^{\frac{\pi}{4} i}$	$\frac{4}{9} \cdot e^{\frac{3\pi}{4} i}$	$\frac{1}{9} \cdot e^{\frac{\pi}{2} i}$	$\sqrt{0.75} \cdot e^{\frac{\pi}{4} i}\ ;\ \sqrt{0.75} \cdot e^{-\frac{3\pi}{4} i}$
$6 \cdot e^{-2 \cdot i}$	$1.5 \cdot e^{2 \cdot i}$	9	$\sqrt{2} \cdot e^{-i}\ ;\ \sqrt{2} \cdot e^{2.1416 \cdot i}$

8. a) $2 \cdot e^{-0.6667 \cdot i}\ ;\ 2 \cdot e^{2.7611 \cdot i}\ ;\ 2 \cdot e^{-1.4277 \cdot i}$

    b) $\sqrt[4]{5} \cdot e^{-0.75 \cdot i}\ ;\ \sqrt[4]{5} \cdot e^{0.8208 \cdot i}\ ;\ \sqrt[4]{5} \cdot e^{2.3916 \cdot i}\ ;\ \sqrt[4]{5} \cdot e^{2.3208\, i}$

    c) $\sqrt[3]{5} \cdot e^{0.3091 \cdot i}\ ;\ \sqrt[3]{5} \cdot e^{2.4035 \cdot i}\ ;\ \sqrt[3]{5} \cdot e^{-1.7853 \cdot i}$

    d) $e^{0.3142 \cdot i}\ ;\ i;\ e^{2.8274 \cdot i}\ ;\ e^{-2.1999 \cdot i}\ ;\ e^{-0.9425 \cdot i}$

9. $\dfrac{e^{i \cdot x} - e^{-i \cdot x}}{2i} = \dfrac{\left(\cos(x) + i \cdot \sin(x)\right) - \left(\cos(-x) + i \cdot \sin(-x)\right)}{2i} = \dfrac{\cos(x) + i \cdot \sin(x) - \cos(-x) - i \cdot \sin(-x)}{2i}$

$= \dfrac{\cos(x) + i \cdot \sin(x) - \cos(x) + i \cdot \sin(x)}{2i} = \dfrac{2i \cdot \sin(x)}{2i} = \sin(x)$

10. a) $\dfrac{e^{i\cdot x}+e^{-i\cdot x}}{2}=\dfrac{\left(\cos(x)+i\cdot\sin(x)\right)+\left(\cos(-x)+i\cdot\sin(-x)\right)}{2}=\dfrac{\cos(x)+i\cdot\sin(x)+\cos(-x)+i\cdot\sin(-x)}{2}$

$$=\dfrac{\cos(x)+i\cdot\sin(x)+\cos(x)-i\cdot\sin(x)}{2i}=\dfrac{2\cdot\cos(x)}{2}=\cos(x)$$

b) $e^{i\cdot x}+e^{-i\cdot x}=$

$+\begin{vmatrix} e^{i\cdot x}=1+i\cdot x-\dfrac{1}{2!}x^2-i\cdot\dfrac{1}{3!}x^3+\dfrac{1}{4!}x^4+i\cdot\dfrac{1}{5!}x^5-\dfrac{1}{6!}x^6-i\cdot\dfrac{1}{7!}x^7+\dfrac{1}{8!}x^8+i\cdot\dfrac{1}{9!}x^9+... \\[2mm] e^{-i\cdot x}=1-i\cdot x-\dfrac{1}{2!}x^2+i\cdot\dfrac{1}{3!}x^3+\dfrac{1}{4!}x^4-i\cdot\dfrac{1}{5!}x^5-\dfrac{1}{6!}x^6+i\cdot\dfrac{1}{7!}x^7+\dfrac{1}{8!}x^8-i\cdot\dfrac{1}{9!}x^9+... \end{vmatrix}$

$$=2-2\cdot\dfrac{1}{2!}x^2+2\cdot\dfrac{1}{4!}x^4-2\cdot\dfrac{1}{6!}x^6+2\cdot\dfrac{1}{8!}x^8-...$$

$$=2\cdot\left(1-\dfrac{1}{2!}x^2+\dfrac{1}{4!}x^4-\dfrac{1}{6!}x^6+\dfrac{1}{8!}x^8-...\right)=2\cdot\cos(x)$$

11. $\cos(x+y)+i\cdot\sin(x+y)=e^{i(x+y)}=e^{i\cdot x}\cdot e^{i\cdot y}=\left(\cos(x)+i\cdot\sin(x)\right)\cdot\left(\cos(y)+i\cdot\sin(y)\right)$

$$=\cos(x)\cdot\cos(y)+i\cdot\cos(x)\cdot\sin(y)+i\cdot\sin(x)\cdot\cos(y)-\sin(x)\cdot\cos(y)$$

$$=\left(\cos(x)\cdot\cos(y)-\sin(x)\cdot\cos(y)\right)+i\cdot\left(\cos(x)\cdot\sin(y)+\sin(x)\cdot\cos(y)\right)$$

Komplexe Zahlen
Chaos & Fraktale

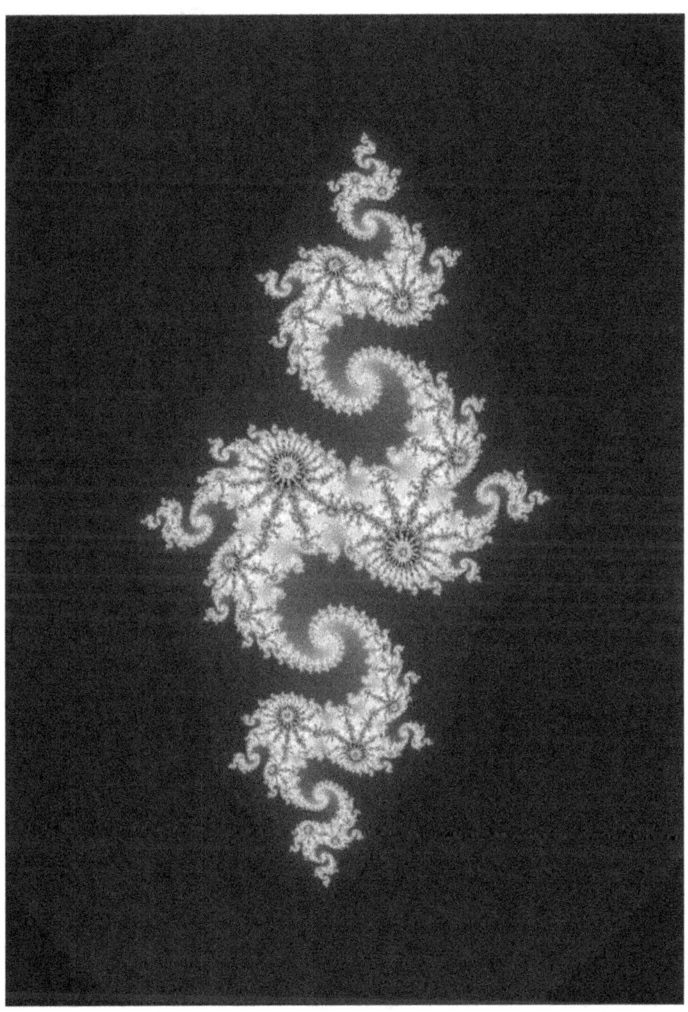

Die Julia-Mengen, erstmals 1918 von Gaston Maurice Julia und Pierre Fatou beschrieben, sind Teilmengen der komplexen Zahlenebene. Oft sind die Julia-Mengen fraktale Mengen. Die Julia-Menge wird durch eine Folge von komplexen Zahlen beschrieben.

1. Einleitung

„Die Realität ist vielleicht das reinste Chaos."[1]

„1953 erkannte ich, dass die gerade Linie zum
Untergang der Menschheit führt. Aber die
gerade Linie ist zur absoluten Tyrannei ge-
worden. Die gerade Linie ist der Fluch unserer
Zivilisation. Heute erleben wir den Triumph der
rationalen Technik, und währenddessen
befinden wir uns gleichzeitig vor dem Nichts."[2]

Das Wort Fraktal[3] wurde von Mandelbrot[4] erfunden, um eine umfangreiche Klasse von Objekten
unter einem Begriff zu vereinen, die in der Entwicklung der reinen Mathematik eine historische
Rolle gespielt haben. Eine grosse Revolution der Ideen trennt die klassische Mathematik des
19. Jahrhunderts von der modernen Mathematik des 20. Jahrhunderts. Die Wurzeln der
klassischen Mathematik liegen in den regulären geometrischen Strukturen von Euklid und den
strengen Dynamiken von Newton. Mit der Mengentheorie von Cantor und den raumfüllenden
Kurven von Peano begann dagegen die moderne Mathematik. Historisch wurde die Revolution von
der Entdeckung mathematischer Strukturen erzwungen, die nicht in die Muster von Euklid und
Newton passten. Diese neuen Strukturen betrachtete man als „pathologisch", als eine Galerie von
Monstern – dem Kubismus[5] und der atonalen Musik[6] verwandt, welche etwa zur selben Zeit die
etablierten Geschmacksmassstäbe in der Kunst umstiessen. Die Mathematiker benutzten die von
ihnen geschaffenen „Monster" zum Nachweis, dass der Variantenreichtum der reinen Mathematik
weit über die einfachen, in der Natur sichtbaren Strukturen hinausgeht, und die Mathematik des
20. Jahrhunderts lebte im Glauben, die von ihren natürlichen Ursprüngen abgesteckten Grenzen
vollständig überschritten zu haben.

„Doch [...] die Natur hat – wie Mandelbrot herausarbeitet – mit den Mathematikern ihren Spass
getrieben. Vielleicht fehlte es den Mathematikern des vorigen Jahrhunderts an Vorstellungskraft,
der Natur jedenfalls nicht. Von den gleichen pathologischen Strukturen, die die Mathematiker
erfanden, um sich vom Naturalismus des 19. Jahrhunderts zu lösen, erweist sich nun, dass sie den
vertrauten, uns umgebenden Objekte innewohnen."[7]

Die fraktale Geometrie stellte keine direkte Anwendung der Mathematik des 20. Jahrhunderts dar.
Sie ist ein neuer Zweig, der verspätet nach der Krise der Mathematik[8] geboren wurde. Diese Krise
begann 1875 und dauerte bis ca. 1925. Ihre Hauptakteure waren Cantor, Peano, Lebesque und
Hausdorff.

---

[1] Georg Christoph Lichtenberg, Mathematiker und Physiker (1742 – 1799)
[2] Friedensreich Hundertwasser, Künstler (1928 – 2001)
[3] frangere (lat.): zerbrechen, unregelmässige Bruchstücke erzeugen
[4] Benoit B. Mandelbrot, Vater der fraktalen Geometrie (1924 – 2010)
[5] Richtung der modernen Kunst: Cézanne, Braque, Picasso
[6] nicht tonale Musik; A. Schönberg
[7] F. J. Dyson (*1923 in Crowthorne, Berkshire) ist ein britisch-US-amerikanischer Physiker und Mathematiker.
[8] Die Entdeckung nicht-euklidischer Geometrien, die Widersprüchlichkeit des Logizismus von Frege und später des
    Axiomensystems von Russel und Whitehead, das Scheitern des Hilbertprogramms und schliesslich des Satzes von
    Gödel („Jedes hinreichend mächtige, rekursiv aufzählbare formale System ist entweder widersprüchlich oder
    unvollständig.") wird gemeinhin als Krise der Mathematik bezeichnet.

2. Grundbegriffe

Iteration

Iteration (von lat. iterare ‚wiederholen') beschreibt allgemein einen
Prozess mehrfachen Wiederholens gleicher oder ähnlicher Anwei-
sungen zur Annäherung an eine Lösung oder ein bestimmtes Ziel.

Selbstähnlichkeit

Ein Gebilde heisst selbstähnlich (skaleninvariant), wenn es ähnlich
einem Teil von sich selbst ist.

Selbstähnlichkeit ist die Eigenschaft von Gegenständen, Körpern,
Mengen oder geometrischen Objekten, in grösseren Massstäben
(d. h. bei Vergrösserung) dieselben Strukturen aufzuweisen wie im
Anfangszustand.

Selbstähnlichkeitsdimension

Gegeben sei ein Quadrat. Dieses wird in mehrere, kleinere Quadrate
zerlegt.

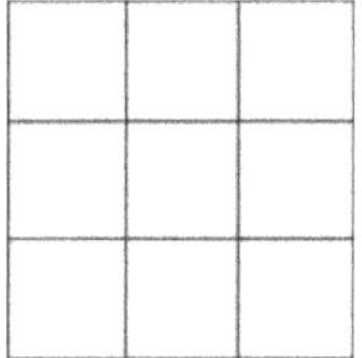

Die Abbildung zeigt die Zerlegung in 9 Teilquadrate. Man kann nun
sagen, eines der kleineren Quadrate sei eine Verkleinerung des
grossen Quadrates im Massstab 1 : 3.

Die zweite Abbildung zeigt einen Würfel, der in 27 kleinere, aber
gleiche Teilwürfel zerlegt ist. Ein kleiner Würfel ist ebenfalls eine
Verkleinerung des Ausgangsbildes im Massstab 1 : 3.

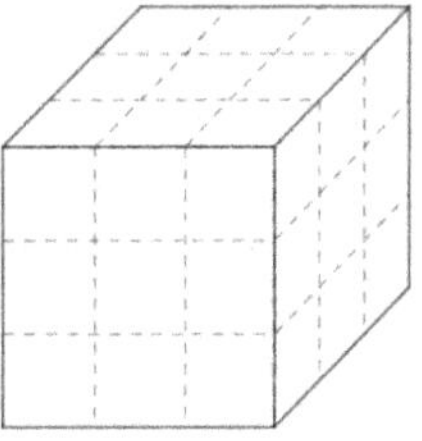

Nun ist $3^2 = 9$, $3^3 = 27$. Man kann daher auch sagen: Die Dimen-
sion ist offenbar gerade der Exponent (hier 2 und 3), in den die
Massstabszahl (hier 3) erhoben wird, um die Anzahl der kleineren
Gebilde im grossen (hier 9 bzw. 27) zu erhalten.

Definition: Wird ein Gebilde im Massstab 1 : n verkleinert und passen nun k von den kleineren
Gebilden in das ursprüngliche Gebilde – es ist also selbstähnlich –, so ist die
Selbstähnlichkeitsdimension D des Gebildes die Zahl D, für die gilt: $n^D = k$. Es gilt also:

$$D = \log_n k = \frac{\log k}{\log n}$$

Aufgabe 1: Welche Selbstähnlichkeitsdimension hat eine Strecke, ein Quadrat und ein Würfel?

3. Geometrische Fraktale

Cantor – Menge

„ Je le vois, mais je ne le crois pas ! "[9]

Erzeugung

Wir starten mit einer Strecke, einem abge-
schlossenen Intervall, z.B. [0,1]. Diese wird
in drei gleiche Teile geteilt und dann das mittlere
offene Intervall entfernt. Es verbleiben also die
Intervalle [0, $^1/_3$] und [$^2/_3$, 1] übrig. Mit diesen verfahren wir genau gleich. Nach n Schritten haben
wir 2^n abgeschlossene Intervalle der Länge $\dfrac{1}{3^n}$.

Wird die Zahl der Iterationen unendlich oft
wiederholt (n → ∞), so bleibt schliesslich eine
Menge disjunkter Staubkörner übrig. Die Strecke
ist „zerbröselt". Wir sprechen bei dieser Limesmenge, von „Cantor-Staub".

Eigenschaften

- In jedem Verkleinerungsschritt um 1 : 3 werden 2 Kopien erzeugt. Die Cantor-Drittelmenge ist selbstähnlich mit k = 2 und n = 3.

  Die Cantor-Menge hat also die Dimension $D = \dfrac{\log(2)}{\log(3)} \approx 0.6309$

- Es lässt sich zeigen, dass die Cantor-Menge überabzählbar[10] ist. Die Mächtigkeit der Cantor-Menge entspricht also der Mächtigkeit des Kontinuums, d.h. aller reellen Zahlen. Bei unserem Vorgang bei der Iteration wird alles entfernt, trotzdem hat die übrigbleibende Menge die Mächtigkeit des Kontinuums. („Alles wird herausgewischt und es bleibt nichts übrig. Trotzdem ist dieses Nichts so mächtig wie Alles.")

---

[9] Georg Cantor (*1845 in Sankt Petersburg, 1918 in Halle an der Saale) war ein deutscher Mathematiker.
[10] Eine Menge heisst überabzählbar, wenn sie nicht abzählbar ist. Dabei heisst eine Menge abzählbar, wenn sie entweder endlich ist oder eine Zuordnung (Bijektion) zur Menge der natürlichen Zahlen existiert. Eine Menge ist also genau dann überabzählbar, wenn ihre Mächtigkeit (entspricht der Anzahl der Elemente bei endlichen Mengen) grösser ist als die der Menge der natürlichen Zahlen. Die reellen Zahlen sind überabzahlbar, die rationalen jedoch abzählbar.

Die Koch–Kurve[11]

Erzeugung

Man nehme eine Strecke, teile sie in drei kongruente Teile, errichte über der mittleren Strecke ein gleichseitiges Dreieck und entferne dann die Grundlinie dieses Dreiecks weg. Mit den verbleibenden Strecken verfahre man auf dieselbe Weise. Wird diese Iteration unendlich oft wiederholt, ergibt sich eine Limesmenge, die Koch-Kurve.

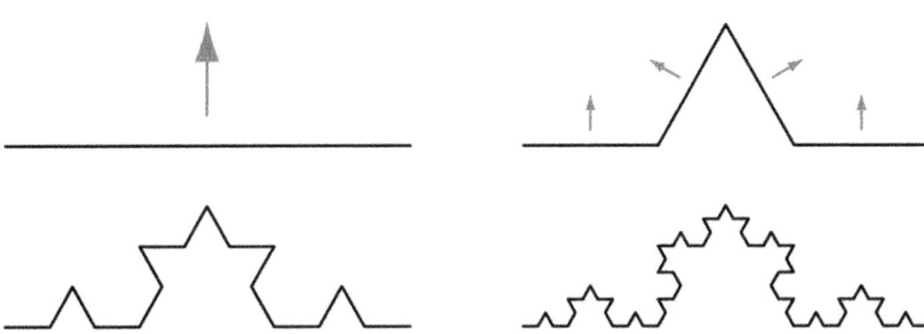

Aufgabe 2: Welche Selbstähnlichkeitsdimension hat die Koch-Kurve?

Aufgabe 3: Wir beginnen mit einer Strecke der Länge 1. Welche Länge hat die Koch-Kurve nach 1, 2, 3, 4 bzw. n Erzeugungsschritten? Welche Länge hat die Koch-Kurve, d.h. die Kurve nach unendlich vielen Iterationsschritten?

Aufgabe 4: Wie gross ist die Fläche unter der Kochkurve? Wir beginnen mit dem Flächeninhalt 1 unter dem Dreieck nach den ersten Iterationsschritt. Welcher Flächeninhalt ist unter der Koch-Kurve nach 1, 2, 3, 4 bzw. n Erzeugungsschritten? Welcher Flächeninhalt hat die Fläche unter der Koch-Kurve, d.h. unter der Kurve nach unendlich vielen Iterationsschritten?

Eigenschaften

- Die Koch-Kurve ist überall ..stetig.. und nirgends ..differenzierbar..
- Die Kochkurve ist selbstähnlich im strengen Sinn mit k = ..4.. und n = ..3..

  Die Dimension der Kochkurve ist $D = \dfrac{\log 4}{\log 3} \approx 1{,}262$

- Die Länge der Koch-Kurve ist ..unendlich..

  Der Flächeninhalt unter der Kochkurve ist jedoch ..endlich..

---

[11] Helge von Koch (*1870 in Stockholm; † 1924 in Danderyd) war ein schwedischer Mathematiker.

Die Koch'sche Schneeflocke

Erzeugung

Beginnt man den Ersetzungsprozess der Koch-Kurve nicht
mit einer Strecke, sondern mit einem gleichseitigen
Dreieck, dann erhält man die Koch'sche Schneeflocke.

Aufgabe 5: Wir beginnen mit einem gleichseitigen Dreieck
mit der Seitenlänge s = 1. Berechne den Umfang und
den Flächeninhalt der Koch'schen Schneeflocke.

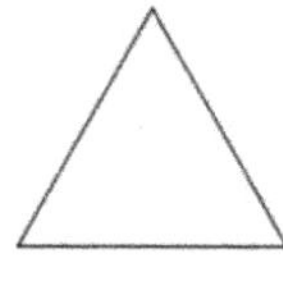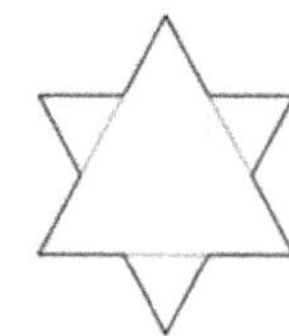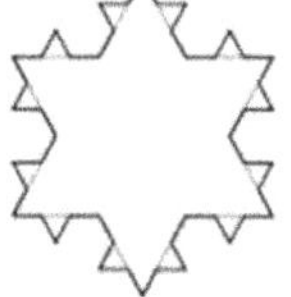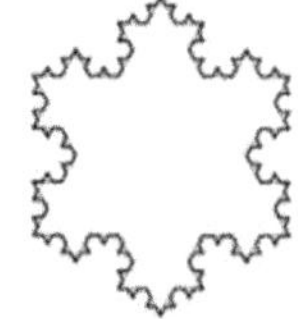

Eigenschaften

- Die Schneeflocke ist überall stetig, aber nirgends differenzierbar.

- Die Schneeflockenkurve ist **nicht** selbstähnlich.

- Die Schneeflockenkurve hat dieselbe Dimension wie die Koch-Kurve $D = \dfrac{\log(4)}{\log(3)} \approx 1.2618\ldots$.

- Die Länge der Scheeflockenkurve (Umfang) ist ∞ .

- Der Flächeninhalt der Schneeflocke beträgt A = 0,6928...

Eigenschaften von Fraktalen

Typisch für Fraktale sind folgende Eigenschaften: Ein Fraktal ist

- das Ergebnis eines unendlich oft wiederholten rekursiven Erzeugungsprozesses.

- ein Objekt, dem als Dimension eine nichtganzzahlige Zahl zugeordnet wird.

- eine Kurve, die über keine charakteristische Länge verfügt, d. h. unendlich lang ist.

- ein Objekt, das auf jeder Grössenskala aus mehreren gleichgrossen Teilen, die exakte Kopien des Ganzen sind, besteht.

Das Sierpinski[12] Dreieck

Aufgabe 6: Wie die Abbildung oben zeigt, wird ein gleichseitiges Dreieck mit Seitenlänge a in vier kongruente gleichseitige Teildreiecke zerlegt und dann das mittlere entfernt. Es bleiben also nur drei Eckendreiecke – schwarz ausgefüllt – übrig. Mit diesen verfahren wir ebenso.

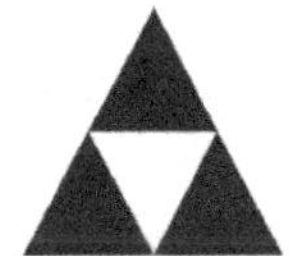

   a) Ist diese Punktmenge selbstähnlich?

   b) Bestimme die Selbstähnlichkeitsdimension des Sierpinski Dreiecks.

   c) Berechne den Umfang (Länge aller begrenzender Linien) der Figur nach n Iterationen.

   d) Berechne den Inhalt der Figur nach n Iterationen.

   e) Berechne nun den Gesamtumfang und den Flächeninhalt des Sierpinski Dreiecks.

Der Menger[13]–Schwamm

Aufgabe 7: Wir starten mit einem Würfel. Man unterteilt jede Oberfläche des Würfels in neun Quadrate, diese unterteilen den Würfel in 27 kleinere Würfel. Jeder Würfel in der Mitte jeder Oberfläche und der Würfel im Inneren des grossen Würfels wird entfernt. Es verbleibt ein durchlöcherter Würfel, der aus 20 Würfeln mit jeweils $1/27$ des ursprünglichen Volumens. Damit ist der neue Würfel der ersten Ordnung entstanden. Diese Schritte werden auf jeden verbleibenden kleineren Würfel angewendet.

   a) Bestimme die Selbstähnlichkeitsdimension D des Menger-Schwamms.

   b) Berechne die Oberfläche des Menger-Schwammes, wenn der ursprüngliche Würfel die Seitenlänge s $= 1$ hat.

   c) Berechne das Volumen des Menger-Schwammes für die Anfangsseitenlänge s $= 1$.

---

[12] Wacław Franciszek Sierpiński (* 1882 in Warschau; † 1969 ebenda) war ein polnischer Mathematiker.
[13] Karl Menger (* 1902 in Wien; † 1985 in Chicago) war ein österreichischer Mathematiker.

Fraktale in der Natur

Ein Fraktal ist typischerweise

- das Ergebnis eines unendlich oft wiederholten rekursiven Erzeugungsprozesses.
- ein Objekt, dem als Dimension eine nichtganzzahlige Zahl zugeordnet wird.
- eine Kurve, die über keine charakteristische Länge verfügt, d. h. unendlich lang ist.
- ein Objekt, das auf jeder Grössenskala aus mehreren gleichgrossen Teilen, die exakte Kopien des Ganzen sind, besteht.

Fraktale Erscheinungsformen findet man auch in der Natur. Dabei ist jedoch die Anzahl der Stufen von selbstähnlichen Strukturen begrenzt und beträgt oft nur drei bis fünf.

Gerade Messabschnitte von 200 km Länge. Gesamtlänge ungefähr 2350 km.

Gerade Messabschnitte von 100 km Länge. Gesamtlänge ungefähr 2775 km.

Gerade Messabschnitte von 50 km Länge. Gesamtlänge ungefähr 3425 km.

4. Iterationen

Reelle quadratische Iteration

Eine *reelle quadratische Iteration* ist gegeben durch folgende Rekursionsformel:

$$a_{n+1} = a_n^2 + c \qquad a_0 \in \mathbb{R} \text{ beliebig gegeben.}$$

Aufgabe 8: Wie viele Iterationsschritte der Folge $a_{n+1} = a_n^2$ sind nötig, um von $a_0 = 1.01$, bzw. $a_0 = 1.001$ ausgehend, den Wert 100 zu überschreiten? Gegen welchen Wert geht die Folge für $n \to \infty$?

Aufgabe 9: Wie viele Iterationsschritte der Folge $a_{n+1} = a_n^2$ sind nötig, um, von $a_0 = 0.99$ bzw. $a_0 = 0.999$ ausgehend, den Wert 0.01 zu unterschreiten?

Beispiel c = 0

Sei $a_{n+1} = a_n^2 + 0 = a_n^2$

Betrachten wir unterschiedliche Verankerungen a_0

- $a_0 = 1.4 \to a_1 = 1.96,\ a_2 = 3.8416,\ a_3 = 14.757891,\ \ldots$

- $a_0 = 0.6 \to a_1 = 0.36,\ a_2 = 0.1296,\ a_3 = 0.0167962,\ \ldots$

Es gilt für $a_0 \in \mathbb{R}$:

- wenn $|a_0| < 1,$ gilt $a_n \to 0$ für $n \to \infty$

- wenn $|a_0| > 1,$ gilt $a_n \to \infty$ für $n \to \infty$

- wenn $|a_0| = 1,$ gilt $a_n = 1$ für alle n

Fixpunkte

Definition: Eine Zahl a_0, welche die konstante Folge (a_0, a_0, a_0, ...) erzeugt, heisst *Fixpunkt*. Für Fixpunkte muss also gelten $a_1 = a_0$

In unserem Beispiel sind 0 und 1 Fixpunkte.

Aufgabe 10: Wir betrachten die Folgen $a_{n+1} = a_n^2 - 1$

a) Untersuche die Folgen mit $a_0 = 1.5$ bzw. $a_0 = 2$ auf ihr Grenzverhalten, in dem Du einige Folgeglieder berechnest.

b) Gibt es bei diesen Folgen Fixpunkte? Berechne die Fixpunkte.

c) Führe mit dem Taschenrechner zehn Iterationsschritte der Folge $a_{n+1} = a_n^2 - 1$ mit 1.61 und 1.62 als Ausgangszahlen durch. (Die eine Zahle ist etwas kleiner, die andere etwas grösser als der oben berechnete Fixpunkt). Was stellst Du fest?

d) Gegen welche Zahlen konvergiert die Folge bei $a_0 = 1.61803$ bzw. $a_0 = 1.61804$)?

e) Wähle selbst entsprechende Ausgangszahlen in der Umgebung des zweiten Fixpunktes und verfahre analog zu Aufgabe c und d.

Beispiel $c = -1$

Sei $a_{n+1} = a_n^2 - 1$

Betrachten wir verschiedene Verankerungen a_0

- $a_0 = 0.5 \rightarrow a_1 = -0.75$, $a_2 = -0.4375$, $a_3 = -0.8085938$, $a_4 = -0.3461761$, ...,
  $a_{14} = -0.0000012$, $a_{15} = -1$, $a_{16} = 0$, $a_{17} = -1$, $a_{18} = 0$, $a_{19} = -1$, ...
  Ab $n = 15$ entstehen zwei ineinander verzahnte Folgen mit verschiedenen Grenzwerten, -1
  und 0, d.h. die Folge beginnt zu alternieren. Man nennt diese beiden Zahlen Attraktoren, weil
  sie beide abwechselnd die Zahlen der Folge gleichsam an sich ziehen.
- $a_0 = 1 \rightarrow a_1 = 0$, $a_2 = -1$, $a_3 = 0$, ... Diese Folge hat dieselben Attraktoren.
- $a_0 = 2 \rightarrow a_1 = 3$, $a_2 = 8$, $a_3 = 63$, $a_4 = 3968$, $a_4 = 15745023$, ... $\rightarrow \infty$

Attraktoren

Definition: Nähert sich die Werte der Folge einem stabilen Grenzzyklus, d.h. ist der Endzustand der
Folge für n gegen unendlich eine Abfolge gleicher Zustände, die periodisch durchlaufen
werden, so nennen wir diese Zustände **Attraktoren**. Hat das System genau einen Attraktor, so
nennen wir ihn Grenzwert der Folge.

Scheidepunkt

Definition: Ein **Scheidepunkt** ist ein Punkt, bei dem beliebig nahe benachbarte Zahlen auf verschiedenen Seiten von ihm unterschiedliches Grenzverhalten (d.h. beschränkt oder unbe-
schränkt) aufweisen. Bei der Folge $a_{n+1} = a_n^2 - 1$ ist $a_0 = \frac{1+\sqrt{5}}{2}$ ein Scheidepunkt, $a_0 = \frac{1-\sqrt{5}}{2}$
jedoch nicht.

Vorfixpunkt

Definition: Ein **Vorfixpunkt** ist ein Punkt, der nach einer oder mehreren Iterationen in einen Fixpunkt
übergeht.

Beispiel: Wir suchen einen Vorfixpunkt der Folge $a_{n+1} = a_n^2 - 1$, der nach einem Iterationsschritt zu
einem Fixpunkt wird. Es muss also gelten: $a_1 = \frac{1+\sqrt{5}}{2}$

$$a_1^2 - 1 = \frac{1+\sqrt{5}}{2} \quad | +1 \qquad a_1 = \pm \sqrt{\frac{3+\sqrt{5}}{2}}$$

$$a_1^2 = \frac{3+\sqrt{5}}{2} \qquad\qquad\qquad = \pm 1{,}6180\ldots$$

Aufgabe 11: Suche die Vorfixpunkte 1, 2 und 3 Grades der Folgen $a_{n+1} = a_n^2 - 1$, d.h.
Vorfixpunkte nach 1, 2 bzw. 3 Iterationsschritten.

Aufgabe 12: Warum ist das Grenzverhalten von allen quadratischen Iterationen der Folge
$a_{n+1} = a_n^2 + c$ von zwei Zahlen a_0, die symmetrisch zu 0 liegen, immer gleich, unabhängig
davon, welches c bei der Iteration gewählt wird?

Aufgabe 13: Bestimme bei den Folgen $a_{n+1} = a_n^2 + c$ die Attraktoren, Fixpunkte, Vorfixpunkte und
Scheidepunkte. Für welchen Bereich der Zahlengeraden streben die Zahlen gegen ∞?
Verwende dazu ein Tabellenkalkulationsprogramm. Erstelle eine Übersicht der Resultate.

    a) $c = -1.3$ b) $c = -0.3$ c) $c = 1$

Komplexe quadratische Iteration

Eine *komplexe quadratische Iteration* ist gegeben durch folgende Rekursionsformel:

$$a_{n+1} = a_n^2 + c \qquad a_0 \in \mathbb{C} \text{ beliebig gegeben}$$

Beispiel $c = 0$

Sei $a_{n+1} = a_n^2 + 0 = a_n^2$

Zum Beispiel

- $a_0 = 2 + 3i \to a_1 = -5 + 12i$, $a_2 = -119 - 120i$,
  $a_3 = -229 + 28560i$, ...

Da $|a|^2 = |a^2|$ für $a \in \mathbb{C}$ gilt, folgt wie bei den
reellen Zahlen

- wenn $|a_0| < 1$,   gilt $a_n \to 0$ für $n \to \infty$

- wenn $|a_0| > 1$,   gilt $a_n \to \infty$ für $n \to \infty$

- wenn $|a_0| = 1$,   gilt $|a_n| = 1$ für alle n
  Alle Zahlen liegen auf dem Einheitskreis. Der
  Einheitskreis übernimmt hier die Rolle der
  Scheidekurve zwischen den Anfangswerten, die eine
  beschränkte bzw. eine unbeschränkte Folge erzeugen.

Fixpunkte und Vorfixpunkte

- *Fixpunkte:* $a_1 = a_0^2 = a_0 \iff a_0 = 0$ oder $a_0 = 1$. (Dieselben Fixpunkte wie diese Iteration in
  den reellen Zahlen hat.)

- *Vorfixpunkte:* In den reellen Zahlen war -1 ein Vorfixpunkt. Im Bereich der komplexen Zahlen
  gibt es nun weitere Vorfixpunkte: z.B. sieht man, dass i ein Vorfixpunkt ist, denn aus $a_0 = i$,
  folgt $a_1 = -1$ und $a_2 = 1$. i hat das Argument $90°$, -1 das Argument $180°$ und 1 das
  Argument $0°$ ($= 360°$). Offenbar verdoppeln sich hier bei der Quadrierung die Argumente.
  Dies gilt allgemein für komplexe Zahlen. Allgemein gilt nun: Eine Zahl mit Betrag 1 ist
  Vorfixpunkt, wenn ihr Argument die Form $360° \cdot \dfrac{p}{2^n}$ mit natürlichem n und ungeradem p hat.

Aufgabe 14: Gib das Verhalten der Folge $a_{n+1} = a_n^2$ für

     a) $a_0 = 0.8 + 0.6i$

     b) $a_0 = 0.79 + 0.6i$ und

     c) $a_0 = 0.81 + 0.6i$

     und zeichne die Folgen in der Gaussschen Zahlenebene. Nach wie vielen Iterationsschritten
     wird der Betrag von a_n grösser als 100 bzw. kleiner als 0.01?

Beispiel c = –1

Sei $a_{n+1} = a_n^2 - 1$

Zum Beispiel

- $a_0 = 1 + i \rightarrow a_1 = -1 + 2i$, $a_2 = -4 - 4i$, $a_3 = -1 + 32i$, $a_4 = -1024 - 64i$,
  $a_5 = 1'044'479 + 131'072i$, ...

Die Menge der Scheidepunkte ist eine geschlossene Kurve, aber eine von verwirrender Gestalt. Die Beträge aller ausserhalb gelegenen Punkte, und nur die dieser Punkte, streben gegen ∞. Die Randkurve ändert selbst in kleinsten Teilen unendlich oft ihren Verlauf, bzw. zeigt einen Bruch in ihrem Verhalten. Solche Gebilde nennt man Fraktale, nach Benoit Mandelbrot[14].

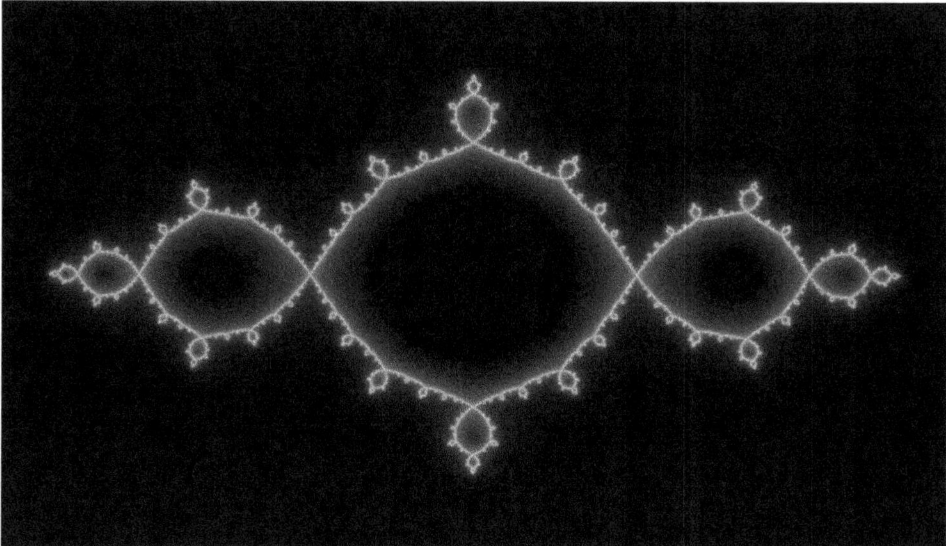

Der Rand dieser Menge stellt eine Kurve dar, die sich immer wieder selbst schneidet. Die Punkte, in denen die Randkurve die reelle Achse trifft, nämlich die dortigen Schnittpunkte der Randkurve mit sich selbst, sind gerade die Fix- und Vorfixpunkte.

Aufgabe 15: Bestimme die Fixpunkte der Folge $a_{n+1} = a_n^2 - 1$. Findest Du auch einige Vorfixpunkte? Wo sieht man diese Punkte in der Grafik?

Julia-Menge

Definition: Die Menge aller Scheidepunkte a_0 der Folge $a_{n+1} = a_n^2 + c$ (hier also die Scheidelinie) heisst **Julia-Menge**[15] (weisse Linie). Die Punkte in dieser Menge führen zu instabilen Prozessen: Jede noch so kleine Änderung des Startwertes führt zu einer anderen Dynamik.
Für Startwerte a_0 innerhalb und ausserhalb der Julia-Menge (Fatou-Menge) führt eine kleine Änderung des Wertes zu praktisch der gleichen Folge, die Dynamik ist in gewissem Sinne stabil. Startwerte a_0, für welche die Folge beschränkt (endlich) bleibt, sind grün eingezeichnet, für den blauen Bereich wachsen die Folgeglieder unbeschränkt.

---

[14] Benoît B. Mandelbrot (* 1924 in Warschau; † 2010 in Cambridge, Massachusetts)
[15] Gaston Maurice Julia (* 1893 in Sidi bel Abbès, Algerien; † 1978 in Paris)

Aufgabe 16: Bestimme die Fixpunkte der Folge $a_{n+1} = a_n{}^2 + i$. Untersuche zudem das Grenzverhalten für $a_0 = i$.

Aufgabe 17: Unten eine Abbildung der Julia-Menge, welche für $c = 0.8i$ entsteht. Bestimme die Fixpunkte dieser Iteration.

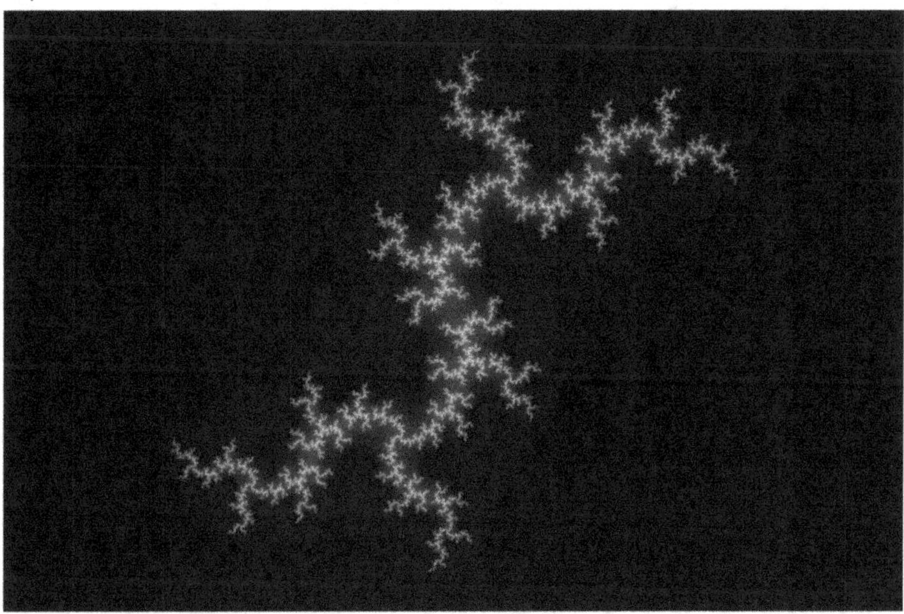

Aufgabe 18: Die Julia-Menge für $z_{n+1} = z_n{}^2 + (-0.6 + 0.6i)$ besteht aus Cantor-Staub. Bestimme die Fixpunkte.

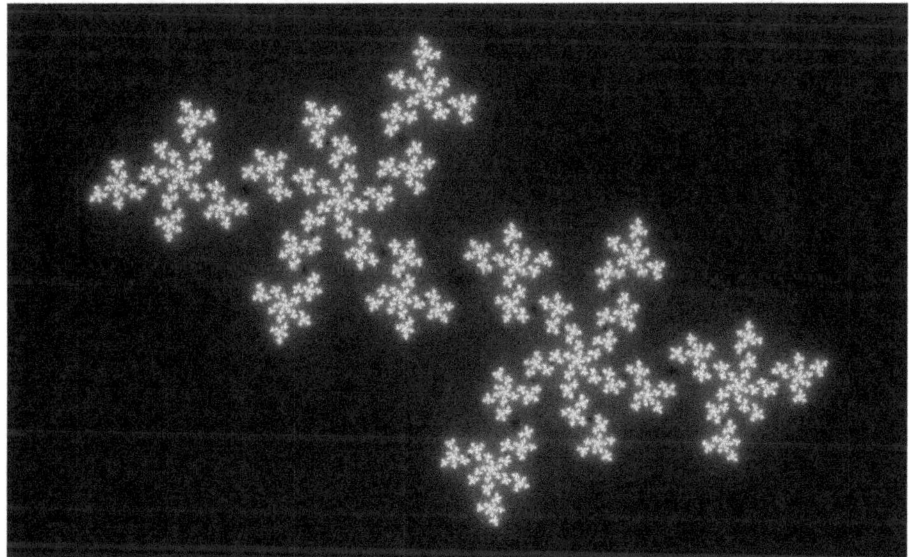

Die Mandelbrot-Menge

Definition: Die **Mandelbrot-Menge** entsteht durch die gleiche Folge wie die Julia-Menge: $a_{n+1} = a_n^2 + c$. Es wird grundsätzlich von $a_0 = 0$ ausgegangen und dann gefragt, für welche Werte von c die Folge beschränkt ist, d.h. nicht gegen unendlich strebt.

Darstellung: Geometrisch als Teil der Gaussschen Zahlenebene interpretiert, ist die Mandelbrotmenge ein Fraktal, das im allgemeinen Sprachgebrauch oft **Apfelmännchen** genannt wird. Bilder davon können erzeugt werden, indem ein Pixelraster auf die Zahlenebene gelegt und so jedem Pixel ein Wert von c zugeordnet wird. Wenn die Folge a_n zu einem Wert c beschränkt ist, es c also zur Mandelbrotmenge gehört, wird das Pixel z. B. schwarz gefärbt und ansonsten weiss. Wird stattdessen die Farbe danach bestimmt, wie viele Folgenelemente berechnet werden müssen, bis feststeht, dass die Folge nicht beschränkt ist, entsteht ein Geschwindigkeitsbild der Mandelbrotmenge: Die Farbe jedes Pixels gibt an, wie schnell die Folge mit dem betreffenden c gegen Unendlich strebt.

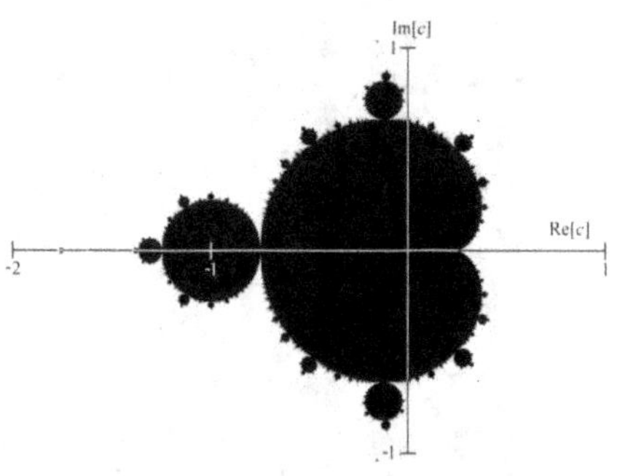

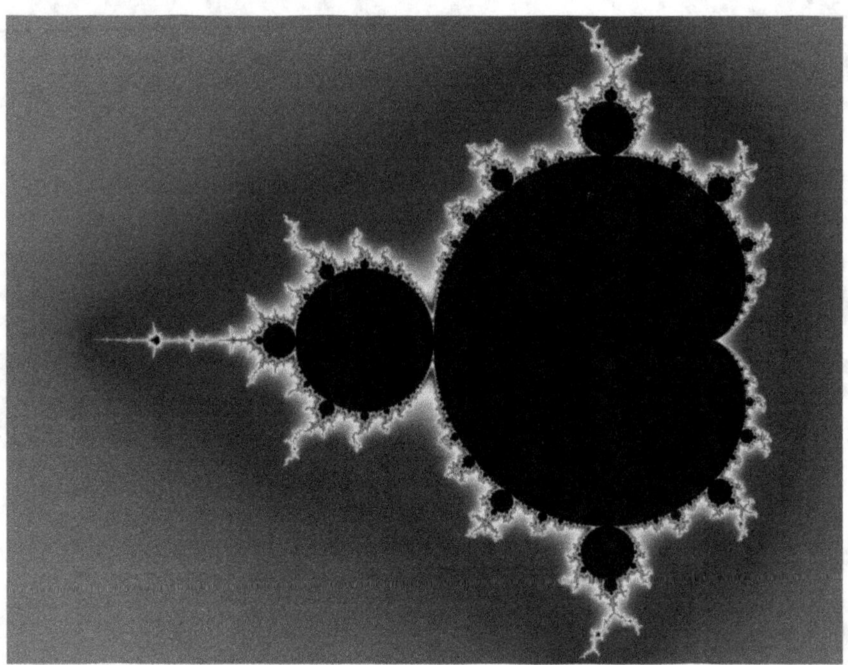

Aufgabe 19: Bestimme das Verhalten der Folge für folgende Werte von c:

a) $c = -3$	b) $c = -2$	c) $c = -1.75$	d) $c = -1.5$
e) $c = -1.4$	f) $c = -1.25$	g) $c = -1$	h) $c = -0.75$
i) $c = -1$	k) $c = -0.25$	l) $c = 0$	m) $c = 0.25$
n) $c = 1$	o) $c = -i$		

Diskretes logistisches Wachstum

Es werden mathematische Gesetzmässigkeiten gesucht, die die Entwicklung einer Population[16] modellhaft darstellen. Aus der Grösse X_n der Population zu einem gewissen Zeitpunkt soll auf die Grösse X_{n+1} nach einer Fortpflanzungsperiode (z. B. nach einem Jahr) geschlossen werden.

Das logistische Modell berücksichtigt zwei Einflüsse:

- Durch **Fortpflanzung** vermehrt sich die Population geometrisch. Die Individuenzahl ist im Folgejahr um einen Wachstumsfaktor q_f grösser als die aktuelle Population.

- Durch **Verhungern** verringert sich die Population. Die Individuenzahl vermindert sich in Abhängigkeit von der Differenz zwischen ihrer aktuellen Grösse und einer theoretischen Maximalgrösse G mit der Proportionalitätskonstante q_v. Der Faktor, um den sich die Population vermindert, hat also die Gestalt $q_h = (G - X_n)q_v$.

Um die folgenden mathematischen Untersuchungen zu vereinfachen, wird die Populationsgrösse X_n oft als Bruchteil x_n der Maximalgrösse G, angegeben:

$$x_n = \frac{X_n}{G}$$

Ausserdem werden G, q_f und q_v zusammengefasst zum Parameter r:

$$r = G \cdot q_f \cdot q_v$$

Damit ergibt sich die folgende Schreibweise für die logistische Gleichung:

$$x_{n+1} = r \cdot x_n \cdot \left(1 - \frac{x_n}{G} \right)$$

Hierbei ist G die Kapazität des Biotops.

Als vereinfachtes mathematische Modell setzen wir $G = 1$

$$x_{n+1} = r \cdot x_n \cdot \left(1 - x_n \right)$$

x_n ist dabei eine Zahl zwischen 0 und 1. Sie repräsentiert die relative Grösse der Population im Jahr x_n. Die Zahl x_0 steht also für die Startpopulation (im Jahr 0). Der Parameter r ist immer positiv, er gibt die kombinierte Auswirkung von Vermehrung und Verhungern wieder.

Aufgabe 20: Bei verschiedenen r können die folgenden Verhaltensweisen für grosse n beobachtet werden. Dabei hängt dieses Verhalten nicht vom Anfangswert ab, sondern nur von r. Untersuche den Einfluss des Parameters r. Stelle dazu die Folgen graphisch dar.

    a) r zwischen 0 und 1   b) r zwischen 1 und 2

    c) r zwischen 2 und 3   d) r zwischen 3 und ≈ 3.45

    e) r zwischen ≈ 3.45 und ≈ 3.54 f) r zwischen ≈ 3.54 und ≈ 3.57

    g) r zwischen ≈ 3.57 bis ≈ 4 h) r grösser ≈ 4

---

[16] Die logistische Gleichung wurde ursprünglich 1837 von Pierre François Verhulst (* 1804 in Brüssel; † 1849 ebenda) als demographisches mathematisches Modell eingeführt.

Das folgende *Bifurkationsdiagramm*, bekannt als **Feigenbaum**[17]**-Diagramm**, fasst diese Beobachtungen zusammen. Die horizontale Achse gibt den Wert des Parameters r an und die vertikale Achse die Häufungspunkte für die Folge x_n.

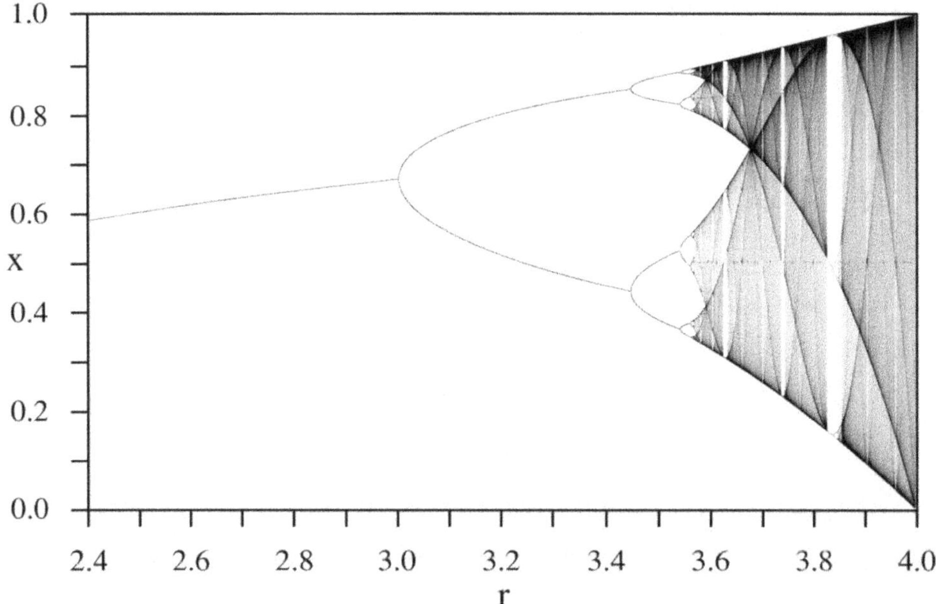

Zusammenhang mit der Mandel-brotmenge (Abb. rechts)

Diskrete „Logistische Kurve" mit einer Wachstumsrate r = 1.4 (Abb. unten)

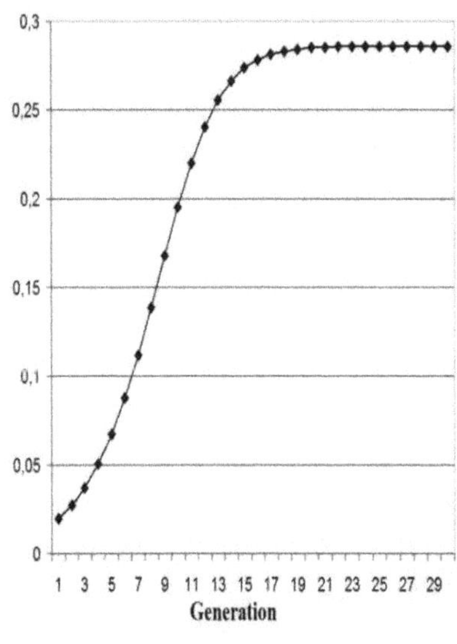

---

[17]   Mitchell Jay Feigenbaum (*1944 in Philadelphia, Pennsylvania) ist ein Physiker und Pionier in der Chaosforschung.

Chaotische Systeme

Magnetisches Pendel

Ein magnetisches Pendel besteht aus einer an einem Faden aufgehängten Eisenkugel, die über einer Anzahl am Boden befestigter Magneten hängt. Die Länge des Fadens ist dabei so gewählt, dass die Kugel die Magneten knapp nicht berühren kann. Lenkt man das Pendel aus, so führt die Kugel unter Einfluss der Schwerkraft und der magnetischen Anziehung über den

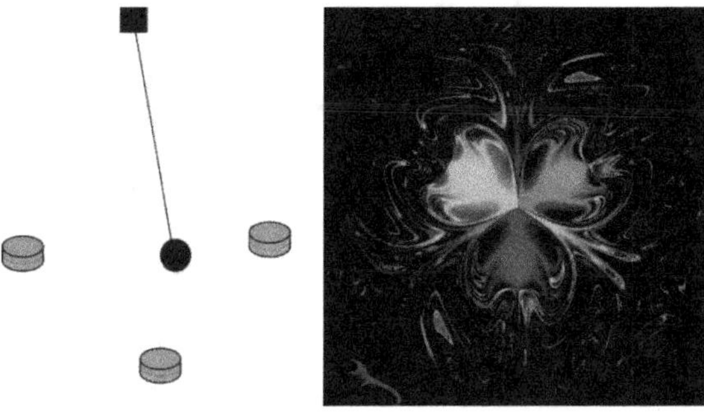

Magneten Schwingungsbewegungen aus. In der rechten Figur ist das Verhalten eines magnetischen Pendels über drei Magneten dargestellt. Jede Stelle entspricht einem Startpunkt für die Pendelbewegung. Die Farbe charakterisiert den Magneten, an dem das Pendel zum Stillstand kommt. Je heller die Farbe, umso früher ist das der Fall.

Doppelpendel

Das Doppelpendel ist eines der einfachsten nichtlinearen dynamischen Systeme, welches chaotisches Verhalten zeigt. An die Masse m_1 eines Pendels wird ein weiteres Pendel der Länge mit Masse m_2 gehängt. Ein Merkmal eines chaotischen Systems ist, dass es Anfangsbedingungen gibt, sodass ein weiteres Experiment mit nahezu identischen Anfangs-bedingungen, die sich sogar nur um eine infinitesimale Störung unterscheiden, nach kurzer Zeit ein anderes Verhalten zeigt.

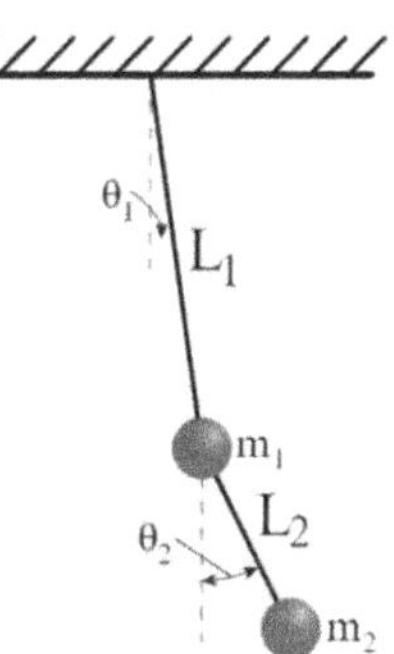

Weitere Beispiele

- Zurzeit ist die Zuverlässigkeit der Wettervorhersage durch die grobe Kenntnis des Ausgangs-zustandes begrenzt. Aber auch bei vollständiger Information würde eine langfristige Wetter-vorhersage letztlich am chaotischen Charakter des meteorologischen Geschehens scheitern.

- Systeme mit stossenden Kugeln: Wichtig ist, dass die Kugeln entweder kollidieren oder an gekrümmten Hindernissen reflektiert werden, damit Störungen exponentiell anwachsen. Beispiele sind das Gerät zur Ziehung der Lottozahlen, der Flipperautomat und Billard

- Das Dreikörperproblem und damit auch unser Sonnensystem oder Sternsysteme aus drei oder mehr Sternen wie beispielsweise Sternhaufen.

- In der Medizin sind die Entstehung tödlicher Embolien bei Arterienverkalkung, der Ausfall bestimmter Hirnfunktionen beim Schlaganfall oder die Entstehung bösartiger Tumore nach Mutationen typische Beispiele für chaotisches Verhalten.

- Börsenkurse und Konjunkturentwicklung. Bereits Mandelbrot hatte darauf hingewiesen, dass zahlreiche Verlaufskurven von Wirtschaftsdaten nichtlineare Eigenschaften haben und sich mit Hilfe von Fraktalen beschreiben lassen.

Lösungen

1. $D_S = 1 \qquad D_Q = 2 \qquad D_W = 3$

2. $D = \dfrac{\log(4)}{\log(3)} \approx 1.2618\ldots$

3. $s_0 = 1 \qquad s_1 = 1.33333\ldots$
   $s_2 = 1.77777\ldots \quad s_3 = 2.37037\ldots$
   $s_4 = 3.16049\ldots$

   $s_n = \sum_{k=0}^{n}\left(\dfrac{4}{3}\right)^k$

   $s_\infty = \infty$

4. $A_1 = 1$
   $A_2 = 1.44444\ldots$
   $A_3 = 1.64198\ldots$
   $A_4 = 1.72977\ldots$
   $A_5 = 1.76879\ldots$

   $A_n = \sum_{k=0}^{n}\left(\dfrac{4}{9}\right)^{k-1}$

   $A_\infty = 1.8$

5. a) $U_n = 3\cdot\left(\dfrac{4}{3}\right)^{n-1}$

   $\lim_{n\to\infty} U_n = \infty$

   b) $A = \dfrac{2\cdot\sqrt{3}}{5} = 0.6928\ldots$

6. a) ja

   b) $D = \dfrac{\log(3)}{\log(2)} \approx 1.585\ldots$

   c) $U_0 = 3a$

   $U_n = \left(\dfrac{3}{2}\right)^n \cdot U_0$

   d) $A_0 = \dfrac{\sqrt{3}}{4}a^2$

   $A_n = \left(\dfrac{3}{4}\right)^n \cdot A_0$

   e) $U = U_\infty = \infty,\ A = A_\infty = 0$

7. a) $D = \dfrac{\log(20)}{\log(3)} \approx 2.7268\ldots$

   b) $O_n = 6\cdot\left(\dfrac{4}{3}\right)^{n-1},\ O = O_\infty = \infty$,

   c) $V_n = \left(\dfrac{20}{27}\right)^n,\ V = V_\infty = 0$,

8. $n = 9$ bzw. $n = 13$, $\lim_{n\to\infty} a_n = \infty$

9. $n = 9$ bzw. $n = 13$, $\lim_{n\to\infty} a_n = 0$

10. a) $a_0 = 1.5 \to 2$ Attraktoren 1 und 0
    $a_0 = 2 \to \infty$, kein Attraktor

    b) Für die Fixpunkte muss gelten:
    $a_0^2 - 1 = a_0 \to a_0 = \dfrac{1\pm\sqrt{5}}{2} \approx \begin{cases} 1.618034\ldots \\ -0.618034\ldots \end{cases} \notin \mathbb{Q}$

    c) $1.61 \to 2$ Attraktoren -1 und 0
    $1.62 \to \infty$, kein Attraktor (divergent)

    d) $1.61803 \to 2$ Attraktoren -1 und 0
    $1.62804 \to \infty$, kein Attraktor (divergent)

    e) für alle $\to 2$ Attraktoren -1 und 0

11. Vorfixpunkte 1. Grades
    $a_0 = 0.61803 \qquad a_0 = -1.61803$
    Vorfixpunkte 2. Grades
    $a_0 = 1.27202 \qquad a_0 = -1.27202$
    Vorfixpunkte 3. Grades
    $a_0 = 1.50732 \qquad a_0 = -1.50732$

12. Weil das Quadrieren eine symmetrische Funktion ist, das heisst, das Quadrat einer Zahl immer positiv ist, unabhängig vom Vorzeichen der Zahl.

13. a) Fixpunkte: $\quad 1.74499, -0.74499$
    Scheidepunkt: $\quad 1.74499$
    Attraktoren: $\quad -1.148664569$,
    0.019430292,
    $\quad -1.299622464,\ 0.389018548$

    b) Fixpunkte: $\quad 1.24162, -0.24162$
    Scheidepunkt: $\quad 1.24162$
    Attraktoren: $\quad -0.24162$

    c) keine reellen Fixpunkte
    keine Attraktoren

14. –

15. a) Die Punkte befinden sich alle auf dem Einheitskreis. Der Betrag ist konstant 1.

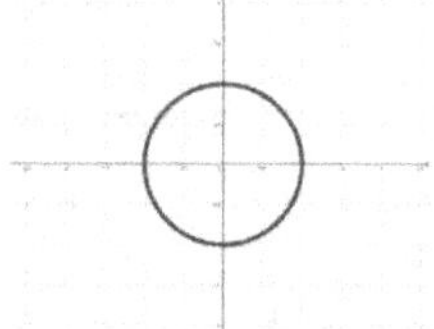

   b) Die Folge konvergiert gegen 0.
   Die Punkte schrauben sich spiralförmig auf 0 zu (Abgebildet sind alle natürlichen Potenzen von a_0 und nicht nur die Glieder der Folge).
   Für $n \geq 10$ ist der Betrag von a_n kleiner als 0.01.

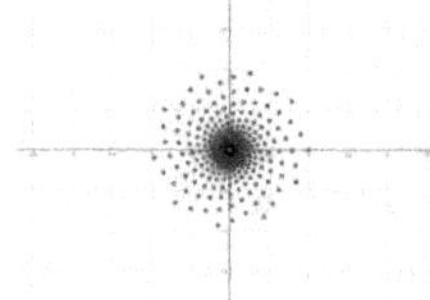

   c) Die Folge divergiert. Die Punkte schrauben sich spiralförmig gegen unendlich grosse Werte. (Abgebildet sind alle natürlichen Potenzen von a_0 und nicht nur die Glieder der Folge).
   Für $n \geq 10$ ist der Betrag von a_n grösser als 100.

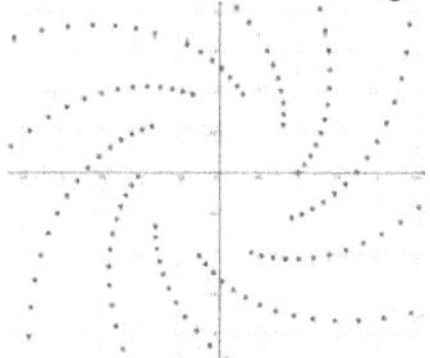

16. Fixpunkte: $\dfrac{1}{2}\left(1\pm\sqrt{5}\right) \approx \begin{cases} -0.61803 \\ 1.61803 \end{cases}$

   Vorfixpunkte: $0.61803, -1.61803$

17. a)　Fixpunkte: $\frac{1}{2}\left(1\pm\sqrt{1-4i}\right) \approx \begin{cases} 0.3002+0.62481i \\ 1.3002-0.6248\,i \end{cases}$

   b)　2 Attraktoren: $-i$ und $-1+i$

18. Fixpunkte:

$$\frac{1}{10}\left(5\pm\sqrt{25-80i}\right) \approx \begin{cases} -0.23762+0.54229\,i \\ 1.23762-0.54229\,i \end{cases}$$

19. Fixpunkte: $\frac{1}{10}\left(5\pm\sqrt{85-60i}\right) \approx \begin{cases} -0.4722+0.3086\,i \\ 1.4722-0.3086\,i \end{cases}$

20. a)　bestimmte Divergenz gegen $+\infty$
   b)　sofortige Konvergenz gegen Fixpunkt 2
   c)　geht gegen einen Dreier-Grenzzyklus
     $-1.74697,\ 1.30193,\ -0.54958$
   d)　chaotisches Verhalten
   e)　geht gegen 32er-Grenzzyklus
   f)　alternierender (2er-)Grenzzyklus
     $-1.20710,\ 0.20710$
   g)　geht gegen einen alternierenden
     (2er-)Grenzzyklus $-1,\ 0$
   h)　sehr langsame Konvergenz gegen den
     Fixpunkt $-\tfrac{1}{2}$
   i)　Konvergenz gegen Fixpunkt $\tfrac{1}{2}-\sqrt{3/4}$
   k)　Konvergenz gegen Fixpunkt $\tfrac{1}{2}-\sqrt{1/2}$
   l)　sofortige Konvergenz gegen Fixpunkt 0
   m)　Konvergenz gegen Fixpunkt $\tfrac{1}{2}$
   n)　bestimmte Divergenz gegen $+\infty$
   o)　geht gegen einen alternierenden
     (3er-)Grenzzyklus $-1-i,\ i$

21. a)　Mit r von 0 bis 1 stirbt die Population in jedem Fall aus.
   b)　Mit r zwischen 1 und 2 nähert sich die Population monoton dem Grenzwert $(r-1)/r$ an.
   c)　Mit r zwischen 2 und 3 nähert sich die Population dem Grenzwert $(r-1)/r$ d. h. die Werte liegen ab einem bestimmten n abwechselnd über und unter dem Grenzwert.
   d)　Mit r zwischen 3 und ≈ 3.45 wechselt die Folge bei fast allen Startwerten zwischen den beiden Umgebungen zweier Häufungspunkte.
   e)　Mit r zwischen ≈ 3.45 und ≈ 3.54 wechselt die Folge bei fast allen Startwerten zwischen den Umgebungen von vier Häufungspunkten.
   f)　Wird r grösser als 3.54, stellen sich erst 8, dann 16, 32 usw. Häufungspunkte ein. Die Intervalle mit gleicher Anzahl von Häufungspunkten (Bifurkationsintervalle) werden immer kleiner.
   g)　Bei r grösser ≈ 3.57 beginnt das Chaos: Die Folge springt zunächst periodisch zwischen den Umgebungen der nun instabilen Häufungspunkte umher. Mit weiter wachsendem r verschmelzen diese Intervalle so, dass sich deren Anzahl halbiert, bis es nur noch ein Intervall gibt, in dem die Folge chaotisch ist. Perioden sind dann nicht mehr erkennbar. Winzige Änderungen des Anfangswertes resultieren in unterschiedlichsten Folgewerten – eine Eigenschaft des Chaos. Bei vielen Koeffizienten zwischen 3.57 und 4 kommt es zu chaotischem Verhalten, obwohl für bestimmte r wieder Häufungspunkte vorhanden sind.
   h)　Für r grösser 4 divergiert die Folge für fast alle Anfangswerte und verlässt das Intervall [0, 1].

Bildquellen

Seite 1   „Julia-Menge" von Simpsons contributor via Wikimedia Commons (Public Domain)

Seite 2   „Rogner Bad Blumau Stammhaus Ziegelhaus von F. Hundertwasser" von Gemeinde Rogner Bad Blumau via Wikimedia Commons (Creative Commons BY-SA 3.0)

Seite 3   „Reload" von Anaxo via Wikimedia Commons (Creative Commons BY-SA 3.0)
           „Romanesco" von Ivar Leidus via Wikimedia Commons (Creative Commons BY-SA 4.0)

Seite 4   „Cantor Staub" via Wikimedia Commons (Public Domain)

Seite 5   „Koch-Kurve" via Wikimedia Commons (Public Domain)

Seite 6   „Koch'sche Schneeflocke" von Chas_zzz_brown, Shibboleth nach Wxs via Wikimedia Commons (GNU Free Documentation License 1.2)

Seite 7   „Sierpinski Dreieck" von Saperaud & Wereon via Wikimedia Commons (Public Domain)
           „Menger-Schwamm" von Niabot via Wikimedia Commons (Creative Commons BY-SA 3.0)

Seite 8   „Farnblatt" von Olaf via Wikimedia Commons (Creative Commons BY-SA 3.0)
           „Blitz" von C. Clark via Wikimedia Commons (Public Domain)
           „Blumenkohl" von Rainer Zenz via Wikimedia Commons (Creative Commons BY-SA 3.0)
           „Weberkegel" von Richard Ling via Wikimedia Commons (Creative Commons BY-SA 3.0)
           „Küstenlänge" von Avsa / Acadac via Wikimedia Commons (GNU Free Documentation License 1.2)

Seite 12   „Julia Menge c = 0" von Georg-Johann Lay via Wikimedia Commons (Public Domain)

Seite 13   „Julia Menge c = –1" von Georg-Johann Lay via Wikimedia Commons (Public Domain)

Seite 14   „Julia Menge c = 0.8i" von IkamusumeFan via Wikimedia Commons (Creative Commons BY-SA 4.0)
           „Julia Menge c = –0.6 + 0.6i" von Georg-Johann Lay via Wikimedia Commons (Public Domain)

Seite 15   „Mandelbrotmenge" von Connelly via Wikimedia Commons (Public Domain)
           „Farbige Mandelbrotmenge" von Medvedev via Wikimedia Commons (Creative Commons BY-SA 3.0)

Seite 17   „Feigenbaum und Mandelbrot Diagramme" von Georg-Johann Lay via Wikimedia Commons (Public Domain)
           „Logistisches Wachstum r = 1.4" von Cami de Son Duc via Wikimedia Commons (Creative Commons BY-SA 4.0)

Seite 18   „Magnetpendel" von Svebert via Wikimedia Commons (Creative Commons BY-SA 3.0)
           „Stabilität eines Magnetpendel" von Ingo Berg / Eclipse.sx via Wikimedia Commons (Creative Commons BY-SA 2.5)
           „Doppelpendel" von JabberWok via Wikimedia Commons (Creative Commons BY-SA 3.0)

Alle restlichen Grafiken erstellt von Christian Wyss (Creative Commons BY-SA 4.0)

Die Creative Commons Lizenzen sind unter https://creativecommons.org/ erhältlich.

Das vorliegende Skript wurde von Dr. Christian Wyss erstellt und ist unter www.mathema.ch zu beziehen.

Komplexe Zahlen
Abbildungen

Eine komplexe Funktion ordnet einer komplexen Zahl eine komplexe Zahl zu.

Abgebildet ist der Funktionsgraph von $f(z) = \dfrac{(z^2 - 1)(z - 2 - i)^2}{z^2 + 2 + 2i}$ in Polarkoordinaten.

Der Farbton gibt das Argument (den Winkel) an, die Helligkeit den Betrag der komplexen Zahl.

1. Komplexe Abbildungen

Definition: Jede **komplexe Abbildung** f: $\mathbb{C} \to \mathbb{C}$ ist eine Abbildung der (Gauss'schen) Ebene in sich selbst. Ebene geometrische Abbildungen wie Drehungen, Spiegelungen, Translationen usw. können als komplexe Abbildungen dargestellt werden.

Beispiel

Wir betrachten die komplexe Funktion f: $w = z + (9 + 3i)$.

Zeichne das Dreieck mit den Ecken $A = 2$, $B = 1 + 2i$ und $C = -3 - i$.
Berechne und zeichne das Bild dieses Dreiecks.
Um welche geometrische Abbildung handelt es sich bei der Funktion f?

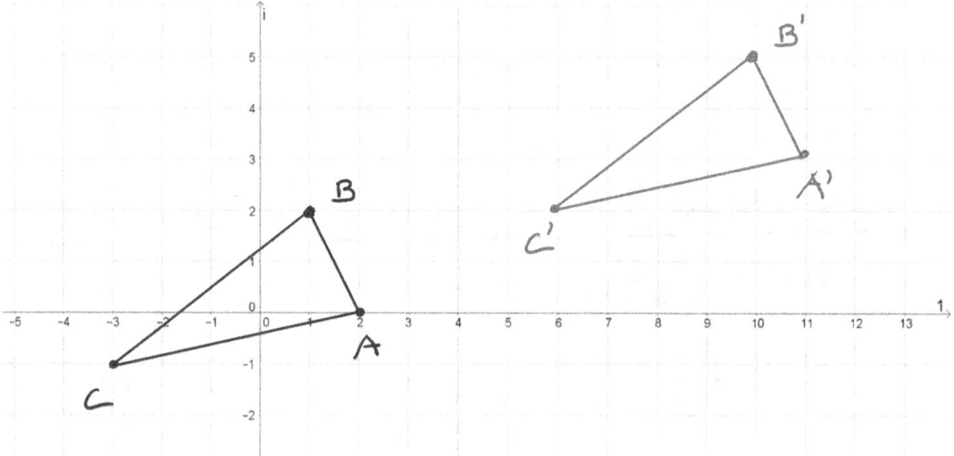

Aufgabe 1: Betrachte die Funktion f: $w = (2 - i)z + 2i$.
Zeichne das Bild des Dreiecks mit den Ecken $A = 0$, $B = 1$ und $C = 2i$.
Es handelt sich um eine Drehstreckung. Finde den Streckfaktor, den Drehwinkel und das Drehzentrum. (Tipp: das Zentrum ist ein Fixpunkt der Abbildung, es gilt also $w = z$).

Aufgabe 2: Um welche geometrische Abbildung handelt es sich bei diesen Funktionen?
a) $w = (1 + i)z$
b) $w = -i \cdot z + 2$

Aufgabe 3: Gib eine komplexe Funktionsgleichung dieser Abbildungen an:
a) Translation um 2i
b) Zentrische Streckung bezüglich des Nullpunktes mit Streckfaktor 3
c) Punktspiegelung am Punkt $m = 1$
d) Zentrische Streckung bezüglich $m = 1 + i$ mit Streckfaktor -0.5.

Die affine Abbildung

Die **affine Abbildung** f: $w = a \cdot z + b$ mit $a, b \in \mathbb{C}$ wobei $a \neq 1$ eine *Drehstreckung* ist mit

- Drehzentrum $\quad m = \dfrac{b}{1-a} \qquad$ (Fixpunkt der Abbildung)

- Streckfaktor $\quad k = |a|$

- Drehwinkel $\quad \varphi = \arg(a)$

Ist $a = 1$, so handelt es sich um eine *Translation* um b.

Aufgabe 4: Zeige, dass $m = \dfrac{b}{1-a}$ der Fixpunkt der Funktion f: $w = a \cdot z + b$ ist.

Aufgabe 5: Beschreibe die folgenden komplexe Funktionen. Berechne also Streck- oder Drehzentrum, Drehwinkel und Streckfaktor:

a) $w = (1 + 2i)z + 8i$

b) $w = -\frac{1}{2}iz - 7 + 9i$

c) $w = (-3 + 2i)z + 6 + 2i$

d) $w = (-3 - i)z - 15 - 8i$

Aufgabe 6: Gegeben sind die Punkte A, B, C sowie A' und B'. Finde C', sodass die zwei Dreiecke gleichsinnig ähnlich sind:

a) A(3), B(3+2i), C(–i) $\qquad$ A' (–1+i), B'(–4+2i)

b) A(1+2i), B(5), C(4+4i) $\qquad$ A'(–7+3i), B'(1+7i)

Aufgabe 7: Der Rhombus ABCD mit dem Winkel $\alpha = 45°$ hat positiven Umlaufsinn. Bestimme jeweils die fehlenden Ecken:

a) A(0), B(8+6i)

b) B(6+4i), C(8i)

Aufgabe 8: Berechne z so, dass das Dreieck $A(1)B(z)C(z^2)$ rechtwinklig und gleichschenklig ist, wobei der rechte Winkel bei A liegt.

Aufgabe 9: Eine Rotation (ohne Streckung) mit dem Drehwinkel $\alpha = +90°$ bildet den Punkt A(–1–3i) auf A'(6) ab. Welches ist das Drehzentrum der Abbildung?

Aufgabe 10: Um was für eine Abbildung handelt sich bei der Verkettung jeweils? Welche ist die Gleichung der verketteten Abbildung?

a) $t(r(z))$ $\qquad$ b) $r(t(z))$ $\qquad$ c) $s(t(z))$ $\qquad$ d) $r(t(s(z)))$

mit $t(z) = z + 2 \quad r(z) = iz \quad s(z) = 2z$

Geometrische Objekte in der Gauss'schen Ebene

Allgemeine Gerade	$z = r + v \cdot t$	mit $r, v \in \mathbb{C}$, $t \in \mathbb{R}$
	$a \cdot x + b \cdot y + c = 0$	mit $x = \mathrm{Re}(z)$, $y = \mathrm{Im}(z)$, $a, b, c \in \mathbb{R}$
	$z \cdot \overline{k} + \overline{z} \cdot k + c = 0$	mit $k \in \mathbb{C}$, $c \in \mathbb{R}$
Kreis (Mittelpunkt m, Radius r)	$z = m + r \cdot \mathrm{cis}(\alpha)$	mit $m \in \mathbb{C}$, $r \in \mathbb{R}$, $\alpha \in [0, 2\pi[$
	$\lvert z - m \rvert = r$	mit $m \in \mathbb{C}$, $r \in \mathbb{R}$
	$(z - m)(\overline{z - m}) = r^2$	mit $m \in \mathbb{C}$, $r \in \mathbb{R}$

Aufgabe 11: Drücke die Gerade $z \cdot (1-i) + \overline{z} \cdot (1+i) + 2 = 0$ mit Hilfe von x und y aus. Zeichne die Gerade.

Aufgabe 12: Drücke die Gerade $2x - 3y + 6 = 0$ mit Hilfe von z und $\overline{z}$ aus. Zeichne die Gerade.

Aufgabe 13: Zeichne den Kreis $(z - i)\overline{(z - i)} = 4$. Wähle einen Punkt z auf der Kreislinie und setze ihn in die Gleichung ein.

Aufgabe 14: Bestimme die Funktionsgleichungen:

a) der reellen Achse   b) der imaginären Achse   c) des Einheitskreises

Aufgabe 15: Gegeben ist die affine Funktion f: $w = (-1 - i)z - 2 - 2i$.

a) Beschreibe die durch f gegebene Abbildung in Worten und gib die wichtigsten Merkmale der Abbildung an (Fixpunkt, Streckfaktor, Drehwinkel).

b) Welches ist das Bild des Kreises $\lvert z - 1 \rvert = 2$ durch die gegebene Abbildung? Gib die Gleichung des Bildes an.

Aufgabe 16: Stelle die Lösungsmengen graphisch dar:

a) $\lvert z - 3 \rvert = \lvert z - 6 \rvert$ b) $\lvert z - 2i \rvert = \lvert z - 4 \rvert$

c) $\lvert z \rvert < \lvert z - 2 - 2i \rvert$ d) $\lvert z \rvert \leq 1$

e) $\left\lvert z - \dfrac{3}{2} \right\rvert \geq 1$ f) $\lvert z - 2 - 2i \rvert \leq \sqrt{5}$

Aufgabe 17: Verwandle die Gleichung in eine Gleichung mit den Variablen x und y:

a) $z + \overline{z} = 1$ b) $z - \overline{z} = 2i$

c) $(1+i)z + (1-i)\overline{z} = \dfrac{1}{2}$ d) $iz^2 - i\overline{z}^2 + 4 = 0$

e) $(z + \overline{z})^2 + 2i(z - \overline{z}) = 0$ f) $(z - \overline{z})^2 + 2(z + \overline{z}) = 0$

Aufgabe 18: Gib die Gleichung der Geraden durch die Punkte P und Q in der Form

$\overline{k} \cdot z + k \cdot \overline{z} + c = 0$ an:

a) $P(-1 + 3i)$ $\quad\quad$ $Q(1 + i)$

b) $P(i)$ $\quad\quad\quad\quad$ $Q(2i)$

Aufgabe 19: Berechne den Schnittpunkt X mit der reellen Achse und den Schnittpunkt Y mit der imaginären Achse:

a) $(3 + 7i)z + (3 - 7i)\overline{z} - 42 = 0$

b) $(-8 + i)z + (-8 - i)\overline{z} - 16 = 0$

c) $2z + 2\overline{z} + 5 = 0$

d) $iz - i\overline{z} + 8 = 0$

Aufgabe 20: Verwandle in die Form $|z - m| = r$. Gib den Mittelpunkt und Radius des Kreises an:

a) $z\overline{z} + 2iz - 2i\overline{z} + 3 = 0$

b) $z\overline{z} - (5 - i)z - (5 + i)\overline{z} + 1 = 0$

c) $z\overline{z} - (8 - i)z - (8 + i)\overline{z} + 49 = 0$

d) $z\overline{z} + iz - i\overline{z} - 1 = 0$

Abbildungen von geometrischen Objekten

Aufgabe 21: Gegeben ist die Funktion f: $w = (2 - i)z$, die Gerade $g : y = -x + 1$ und der Kreis

$k : |z - 2i| = 1$. Bestimme die Bilder g' und k'.

Aufgabe 22: Gegeben ist die Funktion f: $w = (-3 - i)z - 15 - 8i$ sowie die Bildgerade

$g' : u + v + 2 = 0$ und der Bildkreis $k' : |w - 7 + 4i| = \sqrt{10}$. Bestimme die Gleichungen der Originalkurven g und k.

Aufgabe 23: Betrachte die Funktion f: $w = (-1 + i)z + (3 + i)$. Welches ist die Gleichung:

a) des Bildes der imaginären Achse?

b) des Bildes des Kreises $|z| = 2$?

c) des Urbilds der reellen Achse?

2. Die Möbiustransformation

Die Reziprokfunktion

Funktionsgleichung: $\qquad w = \dfrac{1}{z}$

Definitionsmenge: $\qquad \mathbb{C}^* = \mathbb{C} \cup \{\infty\}$

Bildmenge: $\qquad \mathbb{C}^* = \mathbb{C} \cup \{\infty\}$

Aufgabe 24: Berechne die Bilder:
- a) der Punkte: $\qquad z_1 = 2,\ z_2 = i,\ z_3 = 1+i,\ z_4 = -2,\ z_5 = 2-i$
- b) des Unendlichen: $\quad z \to \infty$
- c) des Ursprungs: $\qquad z = 0$
- d) des Einheitskreis: $\quad z \cdot \bar{z} = 1$
- e) der Horizontalen: $\quad y = -2,\ y = -1,\ y = 0,\ y = 1,\ y = 2$
- f) der Vertikalen: $\qquad x = -2,\ x = -1,\ x = 0,\ x = 1,\ x = 2$

Zeichne die z-Ebene und die w-Ebene mit sämtlichen Original- und Bildobjekten.

Auf der nächsten Seite sind dafür zwei Koordinatensysteme vorgesehen.

Aufgabe 25: Welches sind die Fixpunkte der Reziprokfunktion

Es ergeben sich folgende interessante *Eigenschaften der Reziprokfunktion*:

- Der Ursprung 0 wird auf ...Unendlich... abgebildet.

- Unendlich ∞ wird auf ....Null.. abgebildet.

- Eine Gerade die durch 0 geht, wird zu einer Geraden durch ..Null.....

- Eine Gerade, die nicht durch 0 geht, wird zu einem Kreis.., der 0 enthält und umgekehrt.

- Ein Kreis, der Null. nicht enthält, bleibt ein solcher. Insbesondere wird der Einheitskreis auf ...sich selbst.... abgebildet.

- Die Reziprokfunktion stellt geometrisch eine ...Inversion........., d.h. eine Spiegelung am ..Einheitskreis.. und anschliessende Spiegelung an der reellen Achse dar.

z-Ebene

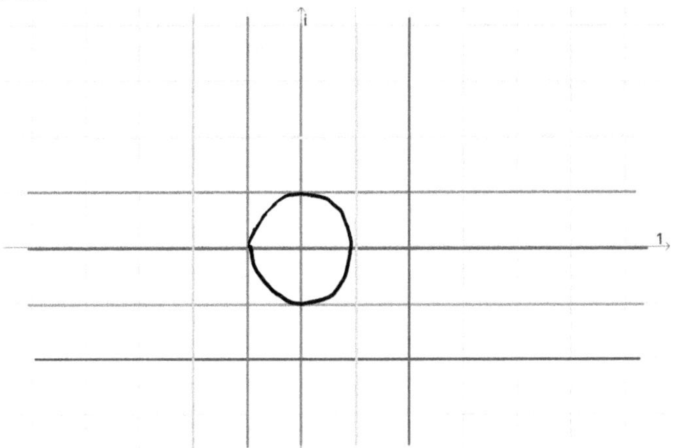

w-Ebene

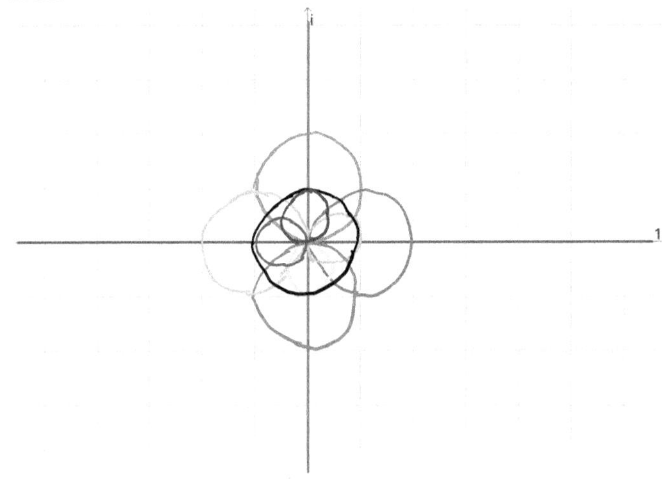

Aufgabe 26: Gegeben ist die Gleichung einer Kurve. Berechne die Gleichung der Bildkurve bei der Abbildung durch die Reziprokfunktion $w = \dfrac{1}{z}$.

   a)   Gerade $g : (1-i)z + (1+i)\overline{z} = 0$ b)   Kreis $k : |z + 2i| = 1$

Aufgabe 27: Die Menge M wird durch die Reziprokfunktion $w = \dfrac{1}{z}$ abgebildet. Zeichne die Menge M in die z-Ebene und die Bildmenge M′ in die w-Ebene.

   a) $M = \left\{ z \in \mathbb{C} \,\middle|\, |z - 2| \le 4 \right\}$ b) $M = \left\{ z \in \mathbb{C} \,\middle|\, |z - 1 - i| \ge \sqrt{2} \right\}$

Aufgabe 28: Gegeben ist die Funktion $w = \dfrac{1}{z}$. Berechne zum Kreis $k : |z - i| = \dfrac{1}{2}$

   a)   das Bild des Kreismittelpunkts.   b)   den Mittelpunkt des Bildkreises.

Die Möbiustransformation

Definition: Eine komplexe Abbildung der Form f: $w = \dfrac{az+b}{cz+d}$ heisst **Möbiustransformation**.

Aufgabe 29: Untersuche die Möbius-

transformation $w = \dfrac{z-1}{z-i}$.

a) Welcher Punkt wird auf ∞
abgebildet?

b) ∞ wird auf welchen Punkt
abgebildet?

c) Finde die Bilder der in der neben-
stehenden z-Ebene skizzierten
Objekte.

d) Zeichne die w-Ebene mit den
Bildobjekten und ordne durch
Schraffur den Flächen der z-Ebene
die Bildflächen in der w-Ebene zu.

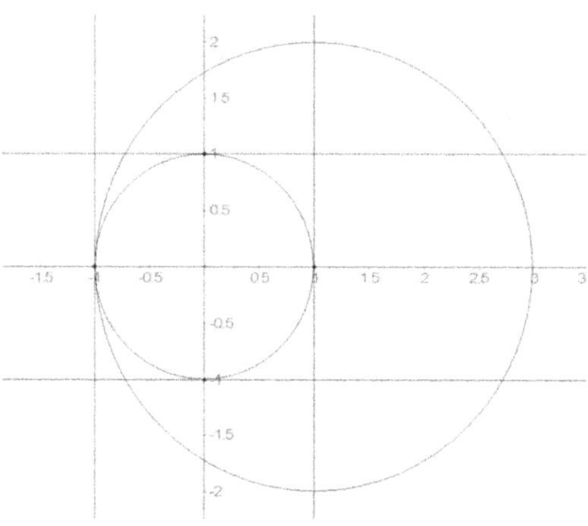

w-Ebene

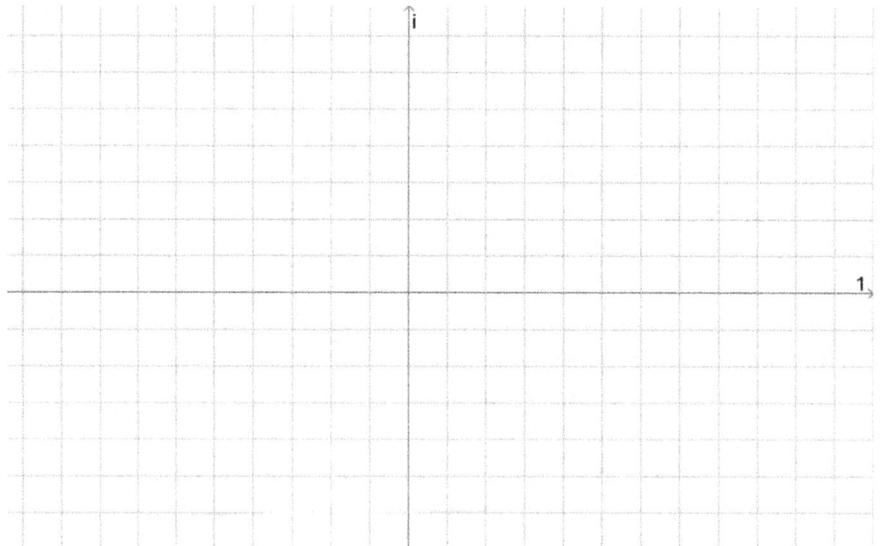

Aufgabe 30: Gegeben ist $d(z) = 2iz$, $r(z) = \dfrac{1}{z}$, $t(z) = z + 12$.

Schreibe die Verkettung in der Form $w = \dfrac{az+b}{cz+d}$ und gebe an, ob das Bild der Kurven

k_1: $\mathrm{Re}(z) = 0$ und k_2: $|z + 9i| = 15$ eine Gerade oder ein Kreis ist:

a) $d(r(z))$ b) $r(t(d(z)))$

Aufgabe 31: Gegeben ist $d(z) = 2iz$, $r(z) = \frac{1}{z}$, $t(z) = z + 12$. Schreibe die Verkettung in der Form

$w = \dfrac{az + b}{cz + d}$ und gebe an, ob das Bild der Kurven $k_1 : \operatorname{Re}(z) = 0$ und $k_2 : |z + 9i| = 15$ eine Gerade oder ein Kreis ist:

a) $t\big(d\big(r\big(t(z)\big)\big)\big)$ b) $t\big(r\big(d(z)\big)\big)$

Aufgabe 32: $w(z) = \dfrac{8z - 16i}{z}$

   a) Welche ist das Bild des Kreises $k : |z| = 2$?

   b) Welche Punktmenge wird auf die imaginäre Achse abgebildet?

Aufgabe 33: $f(z) = \dfrac{2}{4 - z}$, $S = \{z \in \mathbb{C} \mid 2 \le \operatorname{Re}(z) \le 3\}$

   a) Welches sind die Gleichungen der Bilder der Begrenzungsgeraden von S?

   b) Skizziere diese in der Zahlenebene.

Aufgabe 34: $f(z) = \dfrac{z + i}{z - i}$

   a) Welche Punktmenge wird auf den Einheitskreis $k' : |w| = 1$ abgebildet?

   b) Welches ist das Bild der Geraden $g : y = x$?

Aufgabe 35: Gegeben ist die komplexe Funktion f: $w = \dfrac{2z + i}{z - 1}$ mit $\mathbb{C}^{*}$.

   a) Berechne das Bild von $z_1 = 1 + i$ und $z_2 = e^{\frac{\pi}{5}i}$ sowohl in Normal- als auch in Polarform.

   b) Rechts ist ein Bereich in der z-Ebene schraffiert. Skizziere das Bild dieses Bereichs in der w-Ebene.

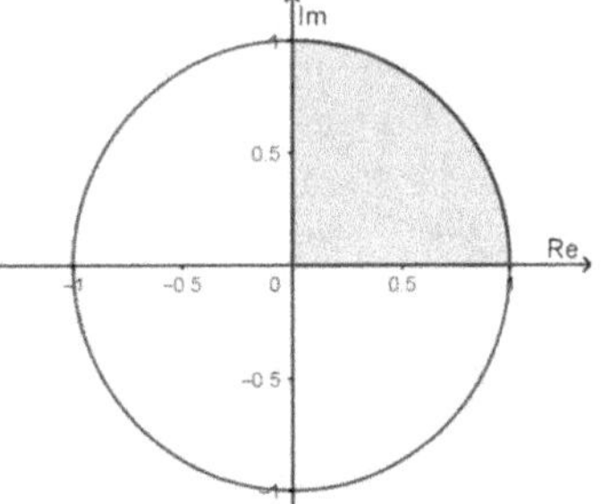

   c) Berechne die Umkehrfunktion $f^{-1}(z)$ und schreibe sie in der Form $w = \dfrac{az + b}{cz + d}$ mit $a, b, c, d \in \mathbb{C}$.

   d) Berechne alle Fixpunkte von f.

Aufgabe 36: Eine Möbiustransformation:

   a) Bestimme die Möbiustransformation $f(z) = \dfrac{az + b}{cz + d}$, wobei $f(2i) = \infty$, $f(i) = 0$, $f(0) = 2$.

   b) Bestimme das Bild der imaginären Achse durch f (Formel und Beschreibung).

   c) Bestimme das Bild des Kreises $|z| = 2$ durch f (Formel und Beschreibung).

Lösungen

1. Drehstreckung mit
   $k = \sqrt{5}$
   $\varphi = -26.56°$
   $Z = 1 - i$

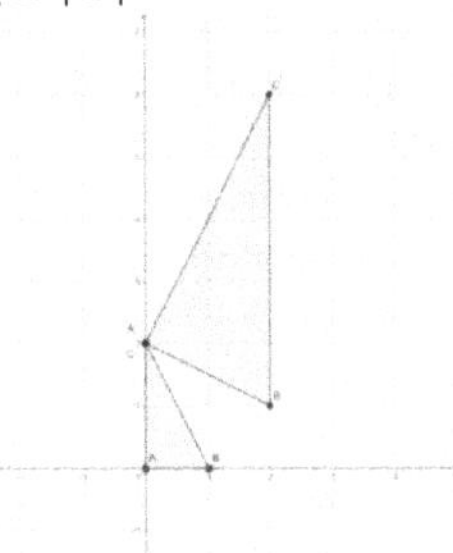

2. a) Drehstreckung um $m = 0$
      mit $k = \sqrt{2}$ und $\varphi = 45°$
   b) Drehung um $m = 1 - i$
      mit $k = 1$ und $\varphi = -90°$

3. a) $f\colon w = z + 2i$
   b) $f\colon w = 3z$
   c) $f\colon w = -(z - 1) + 1 = -z + 2$
   d) $f\colon w = -0.5(z - (1+i)) + (1+i)$
      $= -0.5z + 1.5 + 1.5i$

4. Abbildung $\quad f(z) = a \cdot z + b$

   Fixpunkt $\quad f(z) = z$

   $\Rightarrow \qquad z = a \cdot z - b \qquad \big| -a \cdot z$

   $\qquad\qquad z - a \cdot z = z(1-a) = b \quad \big| : (1-a)$

   $\Rightarrow \qquad z = \dfrac{b}{1-a}$

5. a) $Z(-4),\ \alpha = 63.43°,\ k = \sqrt{5}$
   b) $Z(-2+10i),\ \alpha = -90°,\ k = \tfrac{1}{2}$
   c) $Z(1+i),\ \alpha = 146.3°,\ k = \sqrt{13}$
   d) $Z(-4-i),\ \alpha = 198.4°,\ k = \sqrt{10}$

6. a) $C(-1-4i)$
   b) $C(-6.6+10.2i)$

7. a) $C\left(8+\sqrt{2}+\left(6+7\sqrt{2}\right)i\right)$

      $D\left(\sqrt{2}+7\sqrt{2}i\right)$

   b) $A\left(6+\sqrt{2}+\left(4-5\sqrt{2}\right)i\right)$

      $D\left(5\cdot\sqrt{2}+\left(8-\sqrt{2}\right)i\right)$

8. $z_1 = 1,\ z_2 = -1 + i$

9. $Z_0(1 + 2i)$

10. a) Drehung $+90°$ und Translation um $+2$
       $w = iz + 2$
    b) Translation um $+2$ und Drehung $+90°$
       $w = iz + 2i$
    c) Translation um $+2$ und Streckung $k = 2$
       $w = 2z + 4$
    d) Streckung 2, Translation $+2$,
       Drehung $+90°$, $w = 2iz + 2i$

11. $g\colon x + y + 1 = 0$

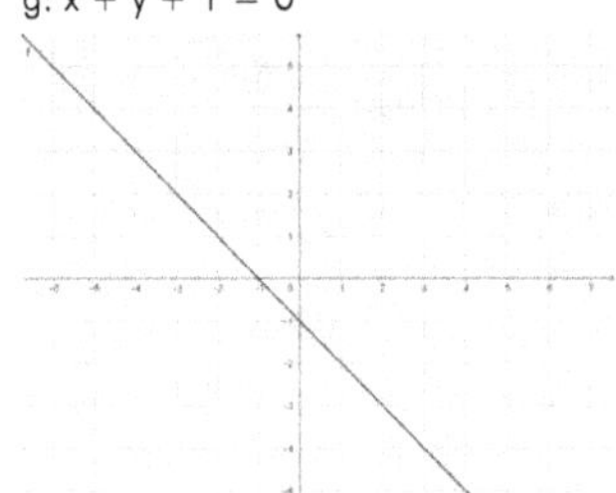

12. $z \cdot (1 - 1.5i) + \overline{z} \cdot (1 + 1.5i) + 6 = 0$

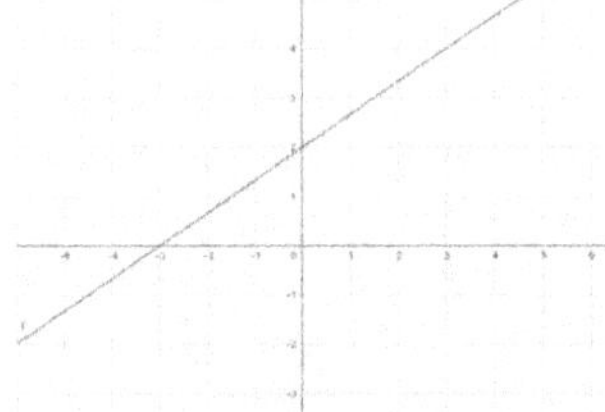

13. $m = 0 + i,\ r = 2$

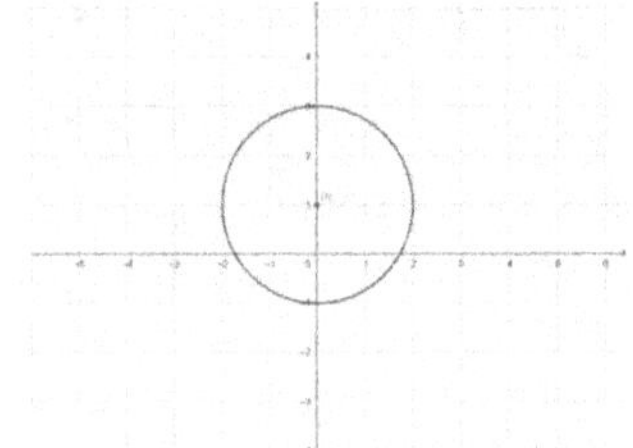

14. a) $z = t \qquad\quad y = 0 \qquad z - \overline{z} = 0$
    b) $z = t \cdot i \qquad\ x = 0 \qquad z + \overline{z} = 0$
    c) $z = \operatorname{cis}(\varphi) \quad |z| = 1 \qquad z \cdot \overline{z} = 1$

15. a) Drehstreckung um das Zentrum $m = -1.2 - 0.4i$,
       um den Winkel $\varphi = \tfrac{3}{4}\pi = -135°$,
       d.h im Uhrzeigersinn und
       mit dem Streckfaktor $\sqrt{2}$.
    b) $|z - (-3 - 3i)| = 2 \cdot \sqrt{2}$

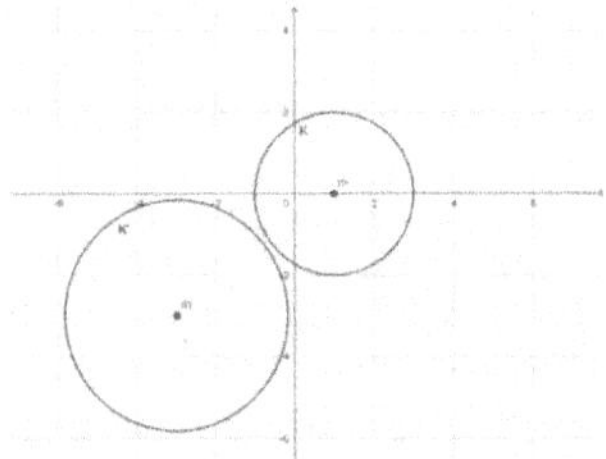

---

16. a)

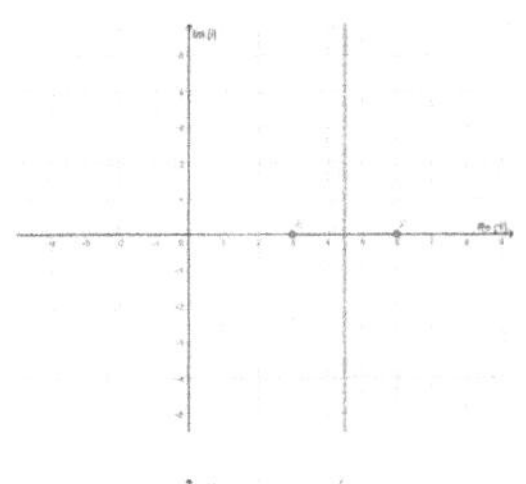

b)

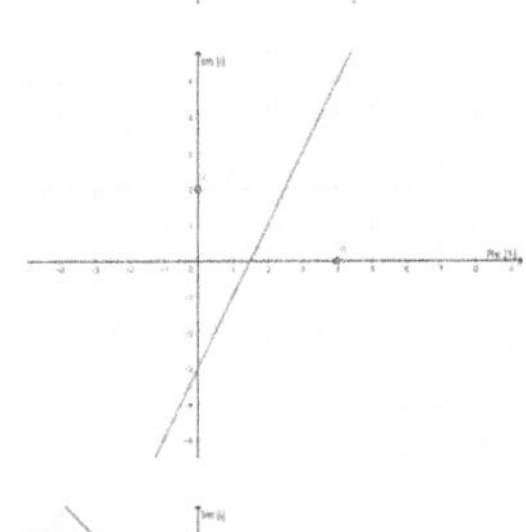

c)

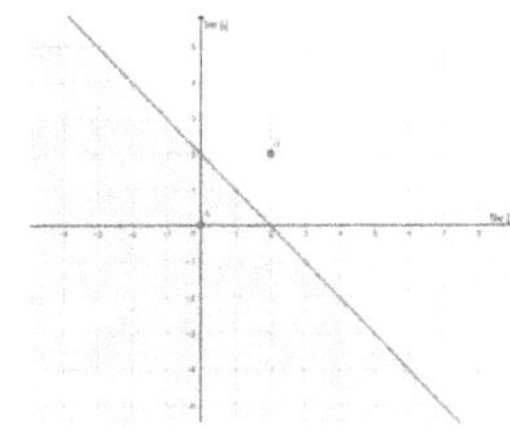

d)

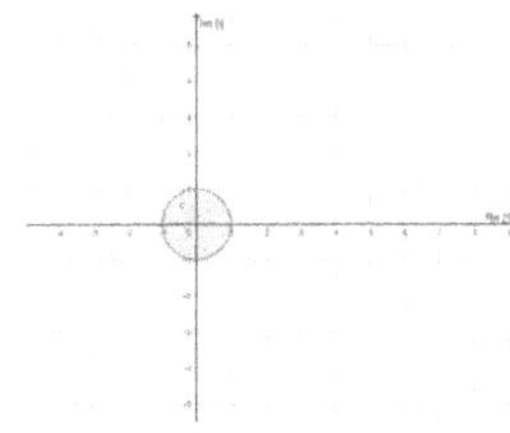

e)

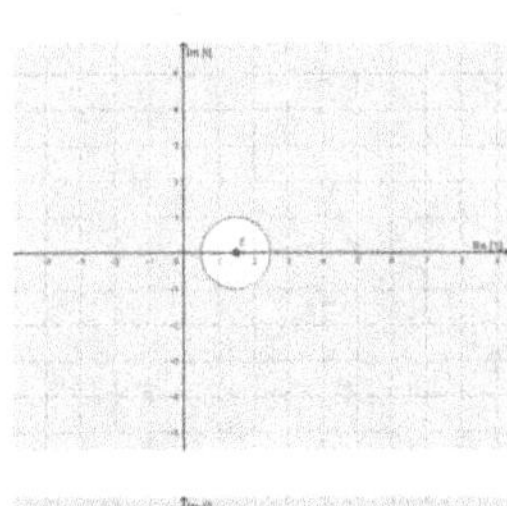

f)

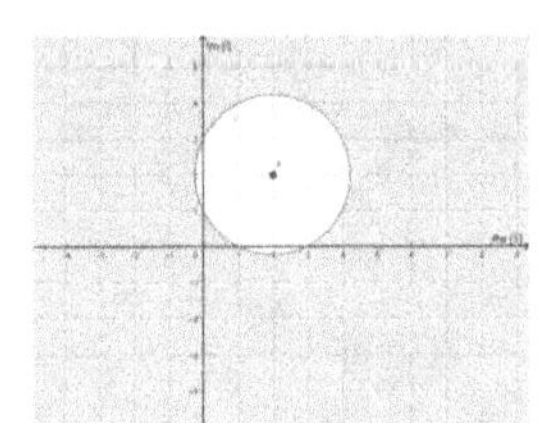

17. a) $x = \frac{1}{2}$ b) $y = 1$
    c) $y = x - \frac{1}{4}$ d) $y = \frac{1}{x}$
    e) $y = x^2$ f) $x = y^2$

18. a) $\left(1-i\right)z + \left(1+i\right)\overline{z} - 4 = 0$

    b) $z + \overline{z} = 0$

19. a) $X(7), Y(-3i)$ b) $X(-1), Y(-8i)$
    c) $X(-\frac{5}{4})$, kein Y   d) kein X, $Y(4i)$

20. a) $\left|z - 2i\right| = 1$, $M(2i)$, $r = 1$

    b) $\left|z - (5+i)\right| = 5$, $M(5+i)$, $r = 5$

    c) $\left|z - (8+i)\right| = 4$, $M(8+i)$, $r = 4$

    d) $\left|z - i\right| = \sqrt{2}$, $M(i)$, $r = \sqrt{2}$

21. $g': 3u + v - 5 = 0$ oder $\left(3-i\right)w + \left(3+i\right)\overline{w} - 10 = 0$

    $k': \left|w - (2+4i)\right| = \sqrt{5}$

22. $g: 4x + 2y + 21 = 0$

    $k: \left|z - (-7+i)\right| = 1$

23. a) $v = u - 2$, $\left(1+i\right)w + \left(1-i\right)\overline{w} - 4 = 0$

    b) $\left|w - (3+i)\right| = 2\sqrt{2}$

    c) $y = x + 1$, $\left(1+i\right)z + \left(1-i\right)\overline{z} + 2 = 0$

24. a) $z'_1 = 0.5$, $z'_2 = -i$, $z'_3 = 0.5 - 0.5i$
      $z'_4 = -0.5$, $z'_5 = 0.4 + 0.2i$
    b) $z' = 0$
    c) $z' = \infty$
    d) $z' \cdot \overline{z'} = 1$
    e) Kreis mit m = $-0.25i$, r = 0.25
      Kreis mit m = $-0.5i$, r = 0.5
      Gerade y = 0
      Kreis mit m = $0.5i$, r = 0.5
      Kreis mit m = $0.25i$, r = 0.25
    f) Kreis mit m = -0.25, r = 0.25
      Kreis mit m = -0.5, r = 0.5
      Gerade x = 0
      Kreis mit m = 0.5, r = 0.5
      Kreis mit m = 0.25, r = 0.25

25. Alle Punkte auf dem Einheitskreis

26. a) $g': \left(1+i\right)w + \left(1-i\right)\overline{w} = 0$, $v = u$

    b) $k': \left|w - \frac{2}{3}i\right| = \frac{1}{3}$

27. a) z-Ebene

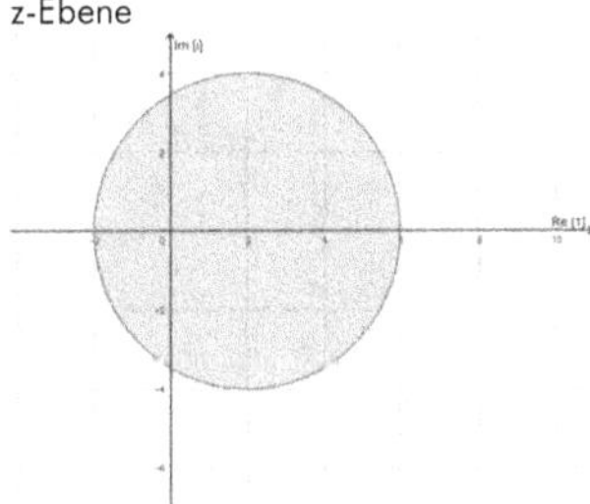

w-Ebene

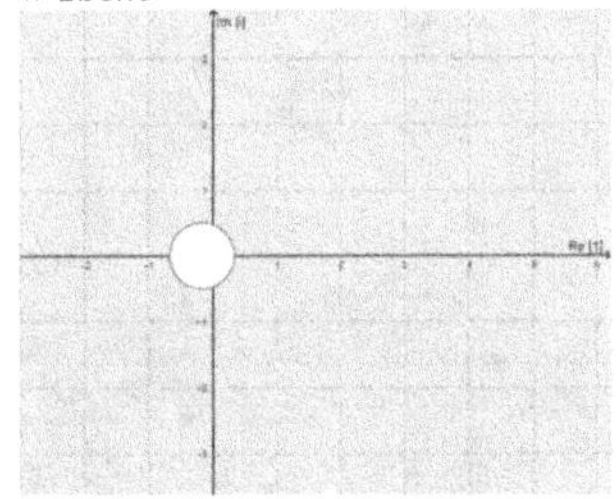

b) z-Ebene

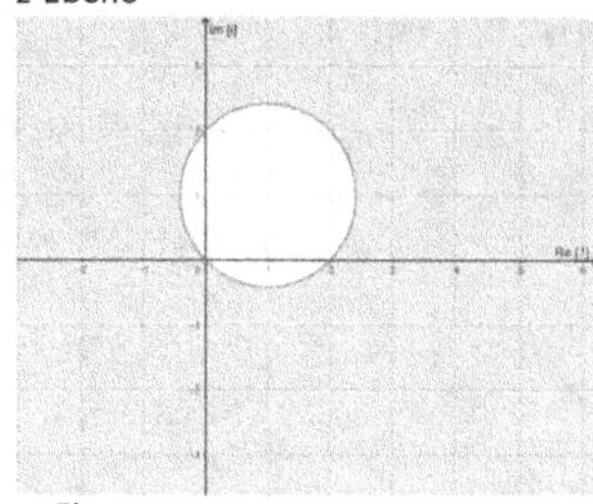

w-Ebene

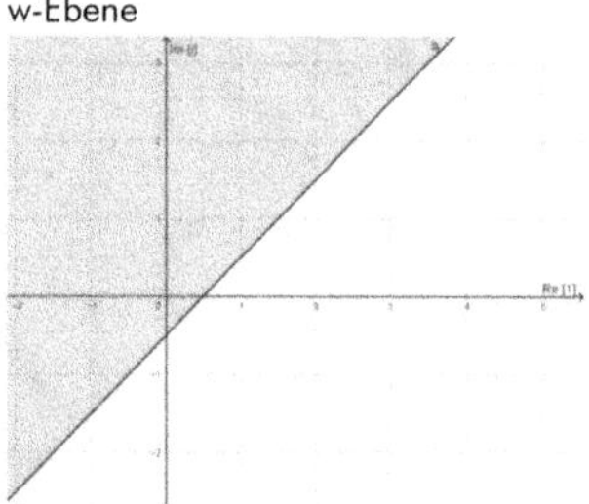

28. a) $-i$

b) $-\dfrac{4}{3}i$

29. a) $z = i$

b) $w = 1$

c) K_1' Gerade durch den Nullpunkt
mit der Steigung $m = -1$
$$w(1-i)+\overline{w}(1+i)=0$$

K_2' Kreis mit $m = 2$ und $r = \sqrt{2}$
$$(w-2)(\overline{w}-2)=2$$

g_1' Kreis mit $m = \frac{1}{2} + \frac{1}{2}i$ und $r = \sqrt{0.5}$
$$\left|w-\left(\tfrac{1}{2}+\tfrac{1}{2}i\right)\right|=\sqrt{\tfrac{1}{2}}$$

g_{-1}' Kreis mit $m = 1.5 - 0.5i$
und Radius $r = \sqrt{0.5}$
$$\left|w-\left(\tfrac{3}{2}-\tfrac{1}{2}i\right)\right|=\sqrt{\tfrac{1}{2}}$$

g_i' Gerade durch i mit $m = -1$
$u + v - 1 = 0$

g_{-i}' Kreis mit $m = 0.75 - 0.25i$
und Radius $r = \sqrt{0.125}$
$$\left|w-\left(\tfrac{3}{4}-\tfrac{1}{4}i\right)\right|=\tfrac{1}{8}$$

d) –

30. a) $w = \dfrac{2i}{z}$; k_1': Gerade; k_2': Kreis

b) $w = \dfrac{1}{2iz+12}$; k_1':Gerade; k_2': Gerade

31. a) $w = \dfrac{12z+(144+2i)}{z+12}$; k_1': Kreis; k_2': Gerade

b) $w = \dfrac{24iz+1}{2iz}$; k_1': Gerade; k_2': Kreis

32. a) Kreis $|w - 8| = 8$

b) Kreis $|z - i| = 1$

33. a) $x = 2 \rightarrow \text{Kreis}\left|w - \tfrac{1}{2}\right| = \tfrac{1}{2}$

$x = 3 \rightarrow \text{Kreis}|w - 1| = 1$

b)

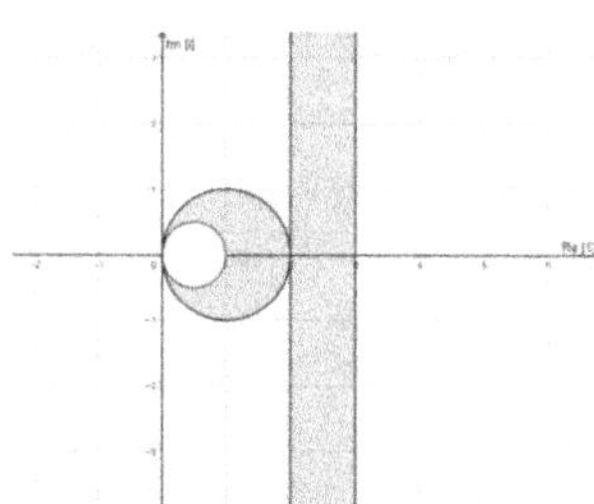

34. a) reelle Achse

b) Kreis $|w - i| = \sqrt{2}$

35. a) $f(z_1) = 3 - 2i = \sqrt{13}\cdot e^{-0.588\cdot i}$
$f(z_2) = 2.539 - 3.578i = 4.387\cdot e^{-0.9536\cdot i}$

b) reelle Achse $\rightarrow$ Gerade $m = \frac{1}{2}$ durch $-i$
imag. Achse $\rightarrow$ Kreis $m = 1 - 0.5i$, $r = \sqrt{1.25}$
Einheitskreis $\rightarrow$ Gerade $m = -2$ durch $1.5i$

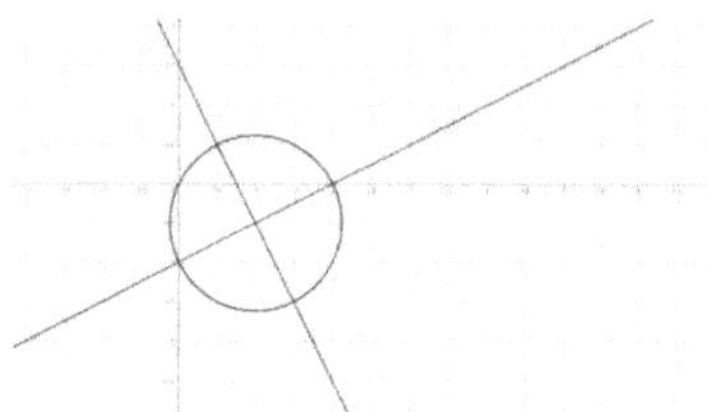

c) $w = \dfrac{z+i}{z-2}$

d) $z_1 = 3.035 + 0.326i$
$z_2 = -0.035 - 0.326i$

36. a) $f(z) = \dfrac{4z - 4i}{z - 2i}$

b) $z = t$ bzw. $y = 0$
reelle Achse

c) $z = 3 + t\cdot i$ bzw. $x = 3$
vertikale Gerade durch $x = 3$

Bildquellen

Schlussworte

Urheberrechte & Bildquellen

Das vorliegende Werk erhebt keinen Anspruch auf wissenschaftliche Originalität, sondern stellt eine Einführung in die Thematik dar. Bei der Erstellung der Unterlagen wurden die freie Enzyklopädie Wikipedia und andere Quellen unter freien Lizenzen konsultiert. Die Texte enthalten deshalb teilweise Paraphrasen aus diesen Quellen. Viele der Übungen wurden selbst verfasst. Bei vielen Aufgaben liess ich mich dabei von Aufgaben von Kolleginnen und Kollegen inspirieren.

Die Bildquellen und zugehörigen Urheberrechte sind im jeweiligen Skript detailliert aufgeführt. Sie dürfen, sofern entsprechend ausgewiesen, im Rahmen der jeweiligen freien Lizenzverträge (Creative Commons www.creativecommons.org, GNU Public Licence www.gnu.org, Public Domain) weiterverwendet werden.

Danksagungen

Ich möchte meinen aufrichtigen Dank an meine Kolleginnen und Kollegen sowie an die engagierten Schülerinnen und Schüler aussprechen, die sich die Zeit genommen haben, mir Fehler und Unstimmigkeiten in den Skripten zu melden. Ein besonderer Dank gilt meiner Frau Caroline, die die Skripte sorgfältig gegengelesen und wertvolle Korrekturen vorgenommen hat. Ihre Unterstützung war von unschätzbarem Wert und hat massgeblich zur Verbesserung der Skripte beigetragen.

Über den Autor

Christian Wyss schloss sein Studium in Physik, Mathematik und Philosophie an der Universität Bern ab, wo er in angewandter Laserphysik promovierte. Bereits während seiner Studienzeit engagierte er sich als Lehrer an verschiedenen Gymnasien. In der Folge vertiefte er seine Expertise in der universitären Forschung als Postdoctoral Fellow an den Universitäten von Canterbury und Otago in Neuseeland. Bevor er sich seinem Berufsziel als Gymnasiallehrer zuwandte, erweiterte er seinen Erfahrungshorizont und wirkte als Patent- und Innovationsexperte beim eidgenössischen Amt. Im Anschluss gründete und leitete er erfolgreich eine Spin-off-Firma in der Technologiebranche.

mathema

Das altgriechische Wort μάθημα (máthēma) bedeutet Wissen, Studium, Lehre, Unterricht und heisst wörtlich „das, was gelernt wurde".

Klassenmaterial

Mit dem Erwerb dieses Buches erhalten Sie gleichzeitig die Berechtigung zur Nutzung der Unterrichtsunterlagen für Ihre Schülerinnen und Schüler. Im Internet stehen Kopiervorlagen der Unterrichtsunterlagen, bestehend aus unausgefüllten Skripten und den dazugehörigen Lernzielen, zum Download zur Verfügung.

Adresse: www.mathema.ch / Passwort: &43WeR7+